总主编 周卓平 蒋 柯

做情绪的主人

情绪管理与健康指导手册

第四册

认识心理疾病

本册主编 王啸天 沈慧清

上海教育出版社
SHANGHAI EDUCATIONAL
PUBLISHING HOUSE

目录

认识心理健康

认识心理疾病

【知识导图】

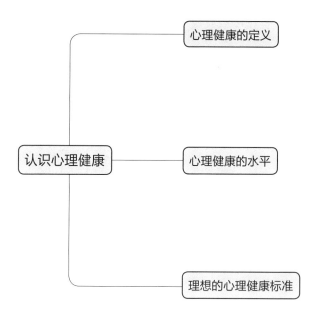

健康不仅仅是没有疾病或虚弱，健康是身体、心理和社会适应的完美状态。

——世界卫生组织

心理健康的定义

世界精神卫生联合会提出心理健康的四个标准：（1）身体、智力、情绪十分调和；（2）适应环境，人际关系中能彼此谦让；（3）有幸福感；（4）在工作和职业中能充分发挥自己的能力，过着有效率的生活。

同样，世界卫生组织认为，心理健康是一种心理健全，能够适当应对正常的生活压力，实现自身潜力，妥善完成学习和工作，并且能为社会做出贡献的状态。

心理健康不只是没有心理问题或者精神障碍，而是一个复杂又连续的过程。心理健康是个体健康和幸福必不可少的要素，对个体、社区和社会的发展至关重要。

記下你的心得体会

【知识卡】

世界精神卫生联合会

世界精神卫生联合会（World Federation for Mental Health，简称 WFMH）是一个国际会员组织，于 1948 年 8 月在英国伦敦正式成立。该组织成立的目的包括：提高心理健康意识，预防心理障碍，对患有相关心理疾病的人进行适当治疗和护理，促进心理健康。

世界精神卫生联合会成立之初由来自 46 个国家的社会团体组成，逐渐发展为一个在 90 多个国家拥有成员的国际性组织。目前，世界精神卫生联合会开展的活动包括：世界精神卫生日、两年一度的世界大会、世界精神卫生联合会合作中心，以及提高对精神障碍的认识，消除对精神障碍的偏见等倡议。

心理健康的水平

虽然人们常常将心理健康看作一种积极的特质，但是心理健康其实是一个不稳定的连续体。一般来讲，根据个体主观的痛苦水平、行为的社会适应性，以及心理发展的趋向性这三条内在指标，我们将个体的心理状况分为心理健康、心理困扰、心理障碍和精神疾病四种。

首先，只要个体能够调节自己的负性情绪，那么就可以认为该个体是心理健康的。大部分人都处在"心理健康"这一心理状态之中。其次，当个体意识到自己的心理出现异常，并产生难以调节的困扰，可能需要心理咨询师和情绪管理师的帮助时，个体可能就达到了"心理困扰"的程度了。再次，当心理困扰影响到个体正常的生活和工作，需要以医疗干预作为主要手段，辅以心理咨询和情绪管理手段时，个体可能就达到"心理障碍"的程度了。最后，当个体存在临床意义上的功能紊乱，有潜在的心理、生物或发展过程的异常，必须依靠医疗手段进行干预时，个体就达到了"精神疾病"的程度，如我们熟知的精神分裂症。

记下你的心得体会

【知识卡】

从心理卫生到心理健康：精神障碍的历史演进

历史上，精神病患者被认为是野兽和罪人，并被监禁在永无天日的牢笼中。直到18世纪，在启蒙运动的启发下，皮内尔（Philippe Pinel）为精神病患者解除了枷锁。在他的影响下，他的学生埃斯基罗（Jean Esquirol）也遵循相似的人道主义原则对待和治疗精神病患者。

19世纪中期，斯威瑟（William Sweetser）首次提出"心理卫生"这个术语。19世纪80年代，克雷佩林（Emil Kraepelin）开创性地提出了精神障碍分类系统，这一分类系统在后来的精神障碍诊断领域中占据主导地位。随着第二次世界大战结束，"心理卫生"的概念也被"心理健康"取代。

理想的心理健康标准

目前，心理学家一般从情绪体验、行为协调性、社会功能这三方面评估个体的心理健康状况。心理健康的个体，情绪体验积极

（积极情绪体验多于消极情绪体验）、行为与周围环境协调（不存在偏离正常的行为动作）、社会功能良好（能够胜任相应的家庭和社会角色）。

在理想的条件下，评估心理健康可以参照以下八个标准。

第一，智力正常。这是学习、生活和工作的基本心理条件，也是适应周围环境变化必需的心理保证。

第二，情绪健康。情绪健康的标志是情绪稳定、心情愉快，包括：积极情绪多于消极情绪，乐观开朗，富有朝气，对生活充满希望；情绪较稳定，善于控制和调节自己的情绪，既能克制又能合理宣泄自己的情绪；情绪反应与环境相适应。

第三，意志健全。意志是人在完成一种有目的的活动时进行的选择、决定与执行的心理过程。意志健全的个体在各种活动中都有自觉的目的性，能适时地作出决定并运用切实有准备的方式解决遇到的问题。面对困难和挫折时，意志健全的个体能采取合理的反应方式，在行动中能控制情绪，言而有信，而不会盲目行动，畏惧困难，顽固执拗。

第四，人格完整。人格是个体比较稳定的心理特征的总和。人格完整就是指个体有健全、统一的人格，个体的所想、所说、所做都是协调一致的。人格完整包括：人格结构的各要素完整统一；具有正确的自我意识，不产生自我同一性混乱，以积极进取的人生观作为人格的核心，把自己、需要、目标和行动统一起来。

第五，自我评价准确。准确的自我评价是心理健康的重要条件。个体在进行自我观察、自我认定、自我判断和自我评价时，要做到恰如其分地认识自己，摆正自己的位置，既不以自己在某些方面高于别人而自傲，也不以自己在某些方面低于别人而自卑，面对挫折与困境，能够自我悦纳，喜欢自己，接纳自己，自尊、自强、自制、自爱，正视现实，积极进取。

第六，人际关系和谐。良好而和谐的人际关系是事业成功与生活幸福的前提。人际关系和谐的表现为：乐意与人交往，既有广泛的人际关系，又有深厚的知心朋友；在人际交往中保持独立而完整的人格，有自知之

记下你的心得体会

明，不卑不亢；能客观评价别人和自己，善于取人之长，补己之短，宽以待人，乐于助人，积极的人际交往态度多于消极的人际交往态度，交往动机端正。

第七，社会适应良好。个体应与现实社会环境保持良好的适应关系。既要客观观察现实社会环境以取得正确认识，用有效的办法应对环境中的各种困难，不退缩，又要根据现实社会环境的特点和自我意识的情况努力进行协调，或是改变现实社会环境适应个体需要，或是改变自我适应现实社会环境。

第八，行为反应适度。心理行为符合年龄特征，应具有与自身社会角色相应的心理和行为特征。

记下你的心得体会

【小贴士】

情绪管理师的工作边界

情绪管理师帮助个体以健康的方式识别、理解和管理自己的情绪，主要职责包括：评估情绪、处理情绪、调节情绪、应对策略和及时转介五部分。

评估情绪指情绪管理师评估个体的情绪状态，识别不良情绪，帮助个体了解情绪困扰产生的原因。

处理情绪指情绪管理师帮助个体发展有效的沟通技巧，积极倾听个体的倾诉，协调资源，引导个体宣泄不良情绪，化解问题。

调节情绪指情绪管理师向个体传授调节情绪的技术，如正念放松、认知重构、行为管理等，帮助个体调节情绪。

应对策略指情绪管理师帮助个体制订健康的应对策略，以应对压力、创伤等诱发情绪的因素，满足个体的情绪管理需求。

最后，及时转介是情绪管理师负责任的表现之一。当情绪管理师发现个体的情绪问题需要更专业的帮助时，要及时将个体转介给其他心理健康专业人员，以维护个体的福祉。

小结

1. 心理健康是一种心理健全，能够适当应对正常的生活压力，实现自身潜力，妥善完成学习和工作，并且能够为社会做出贡献的状态。

2. 心理学家一般从情绪体验、行为协调性、社会功能这三方面评估个体的心理健康状况。

3. 在理想的条件下，评估心理健康可以参照智力正常、情绪健康、意志健全、人格完整、自我评价准确、人际关系和谐、社会适应良好和行为反应适度这八个标准。

反思·实践·探究

我来自一个存在很多心理健康问题的家庭，但我的家庭和我所在的社会并不承认心理健康问题的存在，也不知道该怎么处理心理健康问题。我的弟弟33岁时去世了，甚至在弥留之际，他仍没有得到他应有的心理健康诊断。

我知道我出现了心理健康问题。父母离婚时，我经受了巨大的心理创伤，此后，我便一直与危险行为作斗争。我曾多次自杀，也曾抛弃了我的家庭和一切，只为了离开这个世界。

所幸，我最终还是获得了专业的帮助，并以更强大的姿态归来。

1. 怎么理解"心理健康"这一概念？上述案主是不是一个心理健康的人？

2. 一个人的心理健康在多大程度受其成功经历和生活环境的影响？我们可以为上述案主提供什么样的帮助？

常见的心理问题与分类

认识心理疾病

【知识导图】

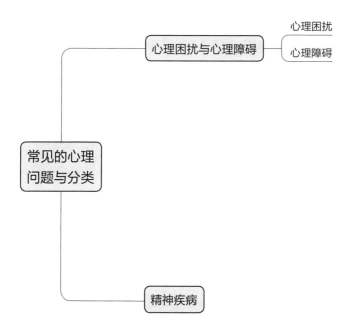

心理困扰与心理障碍

当个体的心理健康受到伤害并且个体没有获得足够的支持时，各种各样的心理问题会接踵而来，影响个体的思想，改变个体的行为，甚至会损害个体的身体健康，破坏个体的社会关系。

在没有严重的社会功能紊乱的情况下，个体的心理问题按照严重程度可以分为心理困扰和心理障碍两类。

心理困扰

心理困扰是指个体的痛苦体验多，愉快体验少，感受到的愉快体验小于痛苦体验时的心理状态。心理困扰是一般的心理问题，严重程度一般较低，没有达到心理疾病的程度，持续时间也较短，损害轻微，对个体社会功能影响较小。

心理困扰往往受心理素质、生活事件和身体状况等因素的影响，一般表现为个体的适应问题、应激问题和人际关系问题。心理困扰的产生具有情境性、偶发性和暂时性的

记下你的心得体会

特点，一般能通过自行调节或指导下的自我调节恢复。

心理障碍

心理困扰加剧就可能会达到心理障碍的程度。心理障碍通常是心理困扰累积、迁延和演变的结果与表现，常见的心理障碍有神经症、人格异常、性心理障碍等。心理障碍患者往往有痛苦的主观体验，社会适应能力低下，社会功能受损。与心理困扰不同，心理障碍患者往往还伴有病理性的变化，因此需要接受专业的治疗。

【知识卡】

现代精神病学创始人——克雷佩林

克雷佩林（Emil Kraepelin，1856—1926），德国精神病学家，现代科学精神病学、精神药理学和精神遗传学的创始人。克雷佩林曾向冯特学习实验心理学，并呼吁对精神疾病的生理原因进行研究，为精神疾病的现代分类系统奠定了基础。1883年，克雷佩林的著作《精神病学纲要》出版。《精神病学纲要》就是后来使克雷佩林闻名世界的《精神病学》教科书的第一版。克雷佩林的观点目前仍旧主导着精神病学研究，而他在精神疾病诊断领域的工作，通常也被认为是当代精神疾病诊断分类系统，特别是美国精神医学学会《精神障碍诊断与统计手册》(*The Diagnostic and Statistical Manual of Mental Disorders*，简称 DSM）和世界卫生组织的《国际疾病分类》(*International Classification of Diseases*，简称 ICD）的基础。

精神疾病

精神疾病是指由个体自身或外界因素引起的伴有明显的社会功能失调的强烈的心理反应。个体患有精神疾病的时候，不仅存在痛苦的主观体验、不适的躯体感受和受损的相关认知能力，还可能出现意识混乱和行为异常的表现。

由于精神疾病的治疗一般由精神科医生进行，所以情绪管理师以及心理咨询师在精神疾病的治疗方面的作用十分有限，往往在精神疾病的稳定期发挥作用。

【知识卡】

异常心理诊断标准

现行的精神和行为障碍分类标准主要包括：美国精神医学学会《精神障碍诊断与统计手册（第5版）》(*The Diagnostic and Statistical Manual of Mental Disorders, Fifth Edition*，简称DSM-5)、世界卫生组织编写的《国际疾病分类第十一次修订本》(*International Classification of Diseases 11th Revision*，简称ICD-11)和中华人民共和国国家卫生健康委员会办公厅组织编写的《精神障碍诊疗规范（2020年版）》。

（一）DSM-5

DSM-5由美国精神医学学会编制。相较之前的DSM版本，DSM-5在诊断上弱化了五轴诊断系统，强调对严重程度的评估，增加精神障碍的分类数量，并且强调诊断过程中对文化因素的考量。DSM-5将精神障碍分为22个大类。

DSM-5分类诊断体系

1	神经发育障碍	12	睡眠—觉醒障碍
2	精神分裂症谱系及其他精神病性障碍	13	性功能失调
3	双相及相关障碍	14	性别烦躁
4	抑郁障碍	15	破坏性、冲动控制及品行障碍
5	焦虑障碍	16	物质相关及成瘾障碍
6	强迫及相关障碍	17	神经认知障碍
7	创伤及应激相关障碍	18	人格障碍
8	分离障碍	19	性欲倒错障碍
9	躯体症状及相关障碍	20	其他精神障碍
10	喂食及进食障碍	21	药物所致的运动障碍及其他不良反应
11	排泄障碍	22	可能成为临床关注焦点的其他状况

（二）ICD-11

ICD是在世界卫生组织的领导下由全球多个国家的研究中心共同起草的疾病分类标准。2019年5月25日通过了第11次修订本ICD-11，并从2022年1月1日开始在全球范围内投入使用。ICD-11 将精神障碍分为 11 个大类。

ICD-11 分类诊断体系

1	器质性精神障碍
2	使用精神活性物质所致精神障碍
3	精神分裂症、分裂型障碍和妄想性障碍
4	心境障碍
5	神经症、应激相关障碍、躯体形式障碍
6	伴生理紊乱和躯体因素的行为综合征
7	成人人格障碍和行为障碍
8	精神发育迟滞
9	心理发育障碍
10	通常起病于童年与青少年期的行为和情绪障碍
11	未特指的精神障碍

（三）《精神障碍诊疗规范（2020 年版）》

《精神障碍诊疗规范（2020 年版）》是由中华人民共和国国家卫生健康委员会办公厅组织 40 余名专家编写而成的精神疾病分类、诊断和治疗规范，内容涉及 16 个大类 100 余种常见的临床精神障碍，是适用于我国基本国情的精神障碍诊疗标准。

《精神障碍诊疗规范（2020 年版）》分类诊断体系

1.	器质性精神障碍
2.	精神活性物质使用所致障碍
3.	精神分裂症及其他原发性精神病性障碍
4.	双相障碍
5.	抑郁障碍
6.	焦虑障碍
7.	强迫及相关障碍
8.	创伤及应激相关障碍
9.	分离障碍
10.	躯体症状及相关障碍
11.	进食与喂养障碍
12.	睡眠障碍
13.	成人人格和行为障碍
14.	神经发育障碍
15.	通常起病于儿童少年的行为和情绪障碍
16.	成瘾行为所致障碍

　　这些诊断标准之间既有相似之处，又有不同之处，我们可以通过查阅资料，了解和整理这些异同。

【小贴士】

《中华人民共和国精神卫生法》与
情绪管理师的工作边界

2012年10月26日，第十一届全国人民代表大会常务委员会第二十九次会议通过《中华人民共和国精神卫生法》。

《中华人民共和国精神卫生法》是发展精神卫生事业，规范精神卫生服务，维护精神障碍患者合法权益的重要法律依据。《中华人民共和国精神卫生法》的颁布实施是我国精神卫生事业发展史上的一个重要里程碑，标志着我国精神卫生工作从此进入法治化管理时代。

《中华人民共和国精神卫生法》规定："心理咨询人员不得从事心理治疗或者精神障碍的诊断、治疗。""心理咨询人员发现接受咨询的人员可能患有精神障碍的，应当建议其到符合本法规定的医疗机构就诊。"心理咨询人员从事心理治疗或精神障碍诊断、治疗的，由县级以上人民政府卫生行政部门、工商行政管理部门依据各自职责责令改正，给予警告，并处五千元以上一万元以下罚款，有违法所得的，没收违法所得；造成严重后果的，责令暂停六个月以上一年以下执业活动，直至吊销执业证书或者营业执照。因此，作为情绪管理师，需要明确一点，即情绪管理师只可以提供心理咨询服务，没有从事心理治疗或精神障碍诊断、治疗的资格。然而，情绪管理师需要具备精神障碍诊断的知识，清楚工作的边界，在发现接受咨询的人员可能患有精神障碍时，建议其到有精神障碍诊断资质的专业医疗机构就诊。

小结

1. 心理困扰指个体感受到的愉快体验小于痛苦体验时的心理状态，其严重程度一般较低。

2. 心理障碍通常是心理困扰累积、迁延和演变的结果与表现。

3. 精神疾病是指由个体自身或外界因素引起的伴有明显的社会功能失调的强烈的心理反应。

4. 现行的精神和行为障碍诊断标准主要有 DSM-5、ICD-11 和《精神障碍诊疗规范（2020 年版）》。

5. 情绪管理师没有从事心理治疗或精神障碍诊断、治疗的资格。

反思·实践·探究

孩子一上学，李某就感觉烦躁不安，时常担心孩子在学校出现意外。

她的丈夫不止一次嘲笑她"太夸张"。当隔壁的邻居因为不堪工作和生活的压力自杀后,事态变得严重起来。李某开始不断哭泣,抱怨并诉说自己的烦恼。她认为有人挑拨她与丈夫和儿子的关系,认为街道两旁的商家都要伤害她,甚至认为丈夫和父母都在不断给她下毒。

李某的表现真的只是过于担心孩子?她是属于心理困扰还是属于心理障碍?

精神障碍的病因

认识心理疾病

【知识导图】

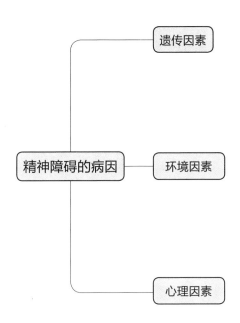

遗传因素

精神障碍的病因 —— 环境因素

心理因素

精神障碍不是由单一的风险因子诱发的，往往是多种因素相互作用的结果。精神障碍一方面受遗传因素的影响，另一方面也受环境因素的影响。精神科医生在诊断或治疗精神障碍时，会根据患者的个人情况，同时考察遗传和环境两方面因素，制订最佳的治疗方案。

遗传因素

无论是生理障碍还是精神障碍，在探讨病因的过程中，总是离不开遗传因素的影响。

患有精神障碍的个体与其他个体在基因方面存在差异，这一结论是毋庸置疑的。目前，有非常多的研究证实了这一结论。在精神障碍的诊断中，精神科医生往往会考虑家族史即遗传因素的影响。俗话说，龙生九子，九子各不相同。虽然基因具有强大的遗传作用，但是基因微小的变化也会产生新性状，这些微小的变化也会在个体的心理特征中表现出来。

遗传因素会对个体的神经系统、大脑的结构形态、酶系统和生物化学等方面产生至关重要的影响，这些生理方面的差异又会影响个体的心理健康，促进或者制约个体心理发展。

在研究精神障碍的病因时，不能忽视遗传这一重要的因素。仅仅考虑遗传因素并不能了解精神疾病的全貌，因此在探索精神障碍的病因时，不要孤立地看待遗传因素的影响。

【知识卡】

精神障碍的生物学根源

精神障碍的生物学根源主要包括遗传因素、脑功能异常和神经递质代谢异常这三部分。

一般认为，遗传因素影响个体的生理和行为特点，为精神障碍的产生提供了先天的基础，也为后天的心理因素和社会因素提供了可能性。目前，主要通过家族研究、收养研究和双生子研究来探索和验证遗传因素的影响。

许多影响心理健康的风险因素与脑功能异常有关，如精神发育迟滞、学习障碍等个体可能存在脑功能异常。研究发现，重性抑郁障碍可能与海马、前额叶的异常有关。

神经递质代谢异常可能会导致神经冲动传递异常，进而导致精神障碍。例如，低水平的5-羟色胺与重性抑郁障碍有关，而某些药物（如5-羟色胺再摄取抑制剂）是针对个体的神经递质调节内部神经递质的代谢功能的。

环境因素

环境与遗传是两个相互影响的因素，因此精神障碍的病因学少不了对环境因素的讨论。引起个体精神障碍的环境因素主要包括：不良的人际关系、创伤事件和亲人丧失等。不良的人际关系可能会增加个体的敌意、多疑和偏执等负面情绪，进而增加异常心理和行为的可能性，导致恶性循环。创伤事件、亲人丧失等也会直接或者间接地增加患精神障碍的可能性。

心理因素

除了遗传因素和环境因素外，心理因素也是影响精神障碍的常见因素之一，如应激、挫折和人格特征等。在某些严重的应激事件和挫折事件的影响下，个体很容易产生认知或行为异常，并引起生理和精神障碍。人格是一个人独特的思维、情感和行为模式，人格影响个体的应对方式。人格特征同样是导致个体心理疾病的心理因素之一。

小结

1. 精神障碍不是由单一的风险因子诱发的，往往是多种因素共同作用的结果。

2. 精神障碍受遗传因素、环境因素和心理因素的影响。

反思·实践·探究

狼孩指从小被狼抚育的人类幼童，最著名的当属1920年左右在印度发现的两个狼孩。被发现时，这两个狼孩一个六七岁，另一个2岁左右。后来，这两个狼孩都在孤儿院抚养，但是她们的习性仍旧与狼一样。她们不会像人一样行走，而是四肢着地，四处跑动。她们像狼一样舔东西吃，不会讲话。2岁左右的狼孩经过两年的教育后，只学会两个单词；六七岁的狼孩一直到死也没有真正学会讲话，智力与三四岁儿童相当。

请分析狼孩智力发展受阻的原因。

精神分裂症

认识心理疾病

【知识导图】

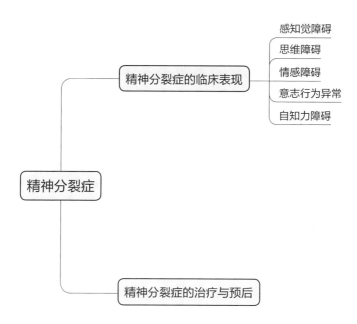

精神分裂症是一种严重的精神病障碍，患者常常伴有妄想、幻觉、行为怪异等症状，给自己、家庭和社会带来严重的负担。虽然精神分裂症属于严重的精神障碍，但是如果能早识别并得到及时治疗，患者依然可以康复并回归正常的社会生活。

精神分裂症是一种病因未明的严重精神疾病，多起病于青壮年。精神分裂症患者常存在知觉、思维、情感和行为等方面的障碍，并会表现出与环境的不协调，一般没有意识和智能障碍，少数精神分裂症患者拥有较高的智商。病程多迁延。

【知识卡】

精神分裂症的诊断标准

A. 存在 2 项（或更多）下列症状，每一项症状均在 1 个月中相当显著的一段时间里存在（如经成功治疗，则时间可以更短），至少其中 1 项必须是（1）、（2）或（3）：

1. 妄想；

2. 幻觉；

3. 言语紊乱（例如，频繁地离题或不连贯）；

4. 明显紊乱的或紧张症的行为；

5. 阴性症状（即，情绪表达减少或动力缺乏）。

B. 自障碍发生以来的明显时间段内，1个或更多的重要方面的功能水平，如工作、人际关系或自我照顾，明显低于障碍发生前具有的水平（当障碍发生于儿童或青少年时，则人际关系、学业或职业功能未能达到预期的发展水平）。

C. 这种障碍的体征至少持续6个月。此6个月应包括至少1个月（如经成功治疗，则时间可以更短）符合诊断标准A的症状（即活动期症状），可包括前驱期或残留期症状。在前驱期或残留期中，该障碍的体征可表现为仅有阴性症状或有轻微的诊断标准A所列的2项或更多的症状（例如，奇特的信念，不寻常的知觉体验）。

D. 分裂情感性障碍和抑郁或双相伴精神病性特征已经被排除，因为：（1）没有与活动期症状同时出现的重性抑郁或躁狂发作；（2）如果心境发作出现在症状活动期，则他们只是存在此疾病的活动期和残留期整个病程的小部分时间内。

E. 这种障碍不能归因于某种物质（例如，滥用的毒品、药物）的生理效应或其他躯体疾病。

F. 如果有孤独症（自闭症）谱系障碍或儿童期发生的交流障碍的病史，除了精神分裂症的其他症状外，还需有显著的妄想或幻觉，且存在至少 1 个月（如经成功治疗，则时间可以更短），才能作出精神分裂症的额外诊断。

资料来源：《精神障碍诊断与统计手册（案头参考书）（第 5 版）》，北京大学出版社，2014.

记下你的心得体会

精神分裂症的临床表现

一般认为，精神分裂症患者存在阳性症状与阴性症状两种特征性的症状。阳性症状指某些具有明显外显表现的症状，包括妄想、幻觉（幻听、幻视、幻嗅、幻味、幻触）和言语紊乱；阴性症状则指一些交集的、不活跃的症状，包括情感平淡、言语贫乏和意志减退等。精神分裂症临床表现复杂，除意识障碍和智能障碍少见外，可见各种精神症状，包括感知觉障碍、思维障碍、情感障碍、意志行为异常、自知力障碍。在病程方面，不同的诊断系统给出不同的标准：《精神障碍诊疗规范（2020 年版）》认为，症状必须持续至少 1 个月，而 DSM-5 则认为，症状至少需要持续 6 个月。

下面将详细介绍精神分裂症的具体症状。

感知觉障碍

精神分裂症最突出的感知觉障碍是幻觉，指个体感知到的形象不是由客观事物引起的，但他们却对此深信不疑。幻觉有多种：以经验分类，可以将幻觉分为真性幻觉（用感受器官感受到的幻觉，清晰生动）和假性幻觉（不用感受器官就能感受到的幻觉）；以产生条件分，可以将幻觉分为功能性幻觉（与正常知觉同时出现）、思维鸣响（能听见自己思考的内容）和心因性幻觉（由强烈精神刺激引发的幻觉）。

精神分裂症患者的幻觉主要以幻听为主（65% 以上的精神分裂症患者存在幻听），幻视次之，也存在幻嗅、幻味、幻触、内脏性幻觉等。幻听的持续时间较长且与环境不协调，可以是言语性幻听，也可以是非言语性幻听。幻听的主要形式包括评议性幻听、争议性幻听、命令性幻听、思维鸣响和假性幻听五类，前三类属于言语性幻听。

思维障碍

在精神分裂症的众多症状中，思维障碍是最主要的症状。思维障碍包括思维内容障碍和思维形式障碍。

在思维内容障碍中，妄想是一种非常重要的精神病性症状。精神分裂症患者会以毫无根据的设想为前提，违背逻辑思维，得出不符合实际的结论。由于这些结论往往以自我为参照，因此患者大多深信不疑。精神分裂症的妄想主要存在三个特点：（1）内容离奇、逻辑荒谬、发生突然；（2）范围有不断扩大和泛化的趋势或具有特殊意义；（3）多不愿主动暴露妄想的内容，并企图隐蔽它。

妄想存在原发性妄想与继发性妄想两类。原发性妄想指突然发生的，不是由其他症状诱发的妄想；继发性妄想指在其他症状的基础上发展而来的妄想，其临床价值不如原发性妄想。

按照妄想的内容，可以将妄想分为关系妄想、被害妄想、特殊意义妄想、物理影响妄想、夸大妄想、自罪妄想、疑病妄想、嫉妒妄想、钟情妄想、非血统妄想、变兽妄想和被窃妄想等。这些妄想之间可能存在一定的关联，如关系妄想和多种妄想都有关联。所有妄想中，要数关系妄想和被害妄想最为突出。下面简要介绍七种妄想形式。

关系妄想。认为现实中与本人无关的事情与本人有关系。例如，认为电视里演的是他们家里的事情，认为马路上的陌生人在议论他。

被害妄想。坚信有人或团体想要谋害他，会对他跟踪、打击、下毒等。例如，一位男性精神分裂症患者坚信妻子在饭中给自己下毒，常常暴打妻子，质问她为何要给自己下毒。

特殊意义妄想。认为周围的事和他有关，且具有特殊意义。例如，某男性患者回家后见妻子在逗小孩玩，边滚煮熟的鸡蛋，边说："滚蛋，滚蛋"，他听到后内心不悦，其妻不知，又将一个削好皮的梨分给患者，

记下你的心得体会

患者当即勃然大怒，说："想和我离婚，没有那么容易！"多人劝解无效。

物理影响妄想。认为有某种力量在操纵和支配自己，通常认为是通过物理过程，例如，激光、红外线、无线电波等做到的。例如，一名大学生到法院起诉学校，认为学校用无线电波跟踪他，认为学校在他的脑中植入芯片来监视他的一举一动。

夸大妄想。夸大自己的财富、地位、权力等。例如，我天下无敌，你们都得顺从我！我是宇宙中最大的王！我发现的无敌定律能解决世上所有问题！

自罪妄想。认为自己犯了严重的罪行，罪大恶极，死有余辜。例如，我不小心把碗打碎了，震动了地壳，引起了汶川大地震，几万人因我而死了，我真是罪无可恕。

疑病妄想。毫无根据地认为自己患上了严重疾病，非常坚信这一点，并且无法通过医学检查等方式说服他。疑病妄想发展到极致就是虚无妄想，认为自己不复存在，自己是一个没有五脏六腑的空虚躯壳。例如，患者总觉得自己是死人，白天睡觉，晚上在墓地出没。由于认为自己已死，所以患者不再进食或吃很少的食物，导致营养代谢失常，皮肤干燥起皱，从外表上看像干枯的尸体。

思维形式障碍包含思维奔逸、思维迟缓、思维贫乏、思维松弛、破裂性思维、思维不连贯、思维中断、思维插入、思维云集、病理性赘述、病理性象征性思维、语词新作和逻辑倒错性思维等。下面简要介绍十三种思维形式障碍。

思维奔逸。思维活动量增加，大量涌现、兴奋，包括音联、意联、随境转移。例如，举重运动员都很胖，胖子都爱吃猪排，猪有四条腿。

思维迟缓。语量少、语速慢、反应迟缓。

思维贫乏。回答非常简单。例如，只回答"不知道""没什么"。

思维松弛。内容散漫、答非所问。例如，医生问："你姓什么？"患者答："李，木子李，李逵是梁山好汉，李鬼这个死鬼是人死后变的，吓活人不是好汉……"

破裂性思维。思维支离破碎，完全无法理解。例如，医生问："你在哪里工作？"患者答："卫星照在太阳上，跟着我不能解决任何问题，计算机病毒是谁捣的鬼，我想回家。"

思维不连贯。在意识不清的情况下出现破裂性思维，表现形式基本同破裂性思维。

思维中断。突然思维中断。例如，脑子里一片空白。

思维插入。出现不属于自己的思维，认为自己的思维被强行插入。

思维云集。出现强制性思维，思维完全不受支配，大量内容强制性涌入，这些大量涌现的内容突然出现又迅速消失。

病理性赘述。非常啰唆，不能简洁明了地回答问题。例如，医生问："你们工厂几点上班？"患者答："我每天七点起床，洗脸，漱口，到厂对面的水房打水，水房有值班的老头，六十多岁了，他有一个孩子，大概是七八岁的样子。洗完脸后我才去食堂吃饭，我每天吃一大碗稀饭，两个馒头。工人常常吃完饭打乒乓球，我不会打，我吃完饭就上班了，不到八点就开始工作……"

病理性象征性思维。赋予普通事物以他人难以理解的特殊含义。例如，反穿衣服，表示自己"表里合一、心地坦白"。患者紧紧抱住暖气片，说"暖气片是工人阶级制造的，我要和剥削阶级家庭划清界限，永远和工人阶级在一起。"

语词新作。自己创作符号文字，或者自行拼凑词语表示新的含义。"犭市"代表"狼心狗肺"；"%"代表"离婚"；"逼急奔"代表"笔记本"等。

逻辑倒错性思维。推理十分荒谬，缺乏逻辑根据，但坚持己见。例如，某中学生物老师，精神失常后拒绝进食，他说："我是大学生物系毕业的。生物进化是从单细胞到多细胞，从植物到动物。植物和动物是我们的祖先。父母从小就教育我要尊敬祖先。我吃饭、吃菜就是对祖先的不孝了。"

情感障碍

精神分裂症患者的情感障碍主要表现为阴性症状，如情感淡漠（缺少较细腻的情感）、情感不协调、抑郁等。精神分裂症患者对周围事物情感反应迟钝，对生活、学习或工作兴趣减少，并丧失与周围环境的情感联系。

意志行为异常

精神分裂症患者可能会存在明显的行为紊乱或者异常。常见的意志行为异常有：意志减退或缺乏；意志活动增强；意向倒错；矛盾意向；不协调性精神运动性兴奋；精神运动性抑制（如木僵、蜡样屈曲、缄默症、违拗症）。

自知力障碍

自知力指个体对自己的认识和态度，包含对自己、对自己的人格、对发生异常心理的原因和机制的认识。多数精神分裂症患者缺乏自知力。自知力恢复往往也预示着疾病好转。

精神分裂症的治疗与预后

精神分裂症是我国及全世界重点防治的精神疾病，治愈率低，依从性差，复发率高，具有较大经济负担。精神分裂症的治疗大致可分为三个阶段：前驱期、活动期和残留期。其中，前驱期是一个不确定有无以及长短的时期，较长的前驱期也往往预示着预后不良。

目前的治疗模式以药物治疗为主，基本采用非典型药物优化治疗，帮助患者改善认知，促进患者恢复社会功能并回归社会。情绪管理师在精神分裂症治疗中的作用极其有限，因此需要做到及时鉴别和转介。

精神分裂症患者的家人要对精神分裂症有一定的认识和了解，帮助患者认识和治疗疾病。例如，帮助患者固定时间用药，养成规律的生活习惯，尽量维持患者的社会交往。

目前，约20%的个体能够在一次急性发作后完全缓解；约20%的个体在反复急性发作后恢复良好；约20%的个体在急性起病后变慢性，间有急性发作；约20%的个体起病缓慢；约10%—15%的个体自杀身亡。

影响精神分裂症不良预后的因素有起病缓慢、病程长、既往的精神病史、阴性症状、较早的发病年龄。

记下你的心得体会

小结

1. 精神分裂症是一种病因未明的严重精神疾病，多起病于青壮年。

2. 阳性症状包括妄想、幻觉（幻听、幻视、幻嗅、幻味、幻触）和言语紊乱；阴性症状包括情感平淡、言语贫乏和意志减退等。

3. 精神分裂症的治疗大致可分为前驱期、活动期和残留期三个阶段。

反思·实践·探究

以下是对美国一家精神病院中一些患者表现的描述。

白天，在活动室中，劳拉沉默无语，一直站几个小时，用手掌一圈圈地揉着头顶；杰瑞一天都在用手揉着胃部，同时围着一根杆子一圈圈地跑；海伦低着头来来回回地走，嘟囔着敌人要过来抓她；维克多在活动室角落苦笑；弗吉尼亚站在活动室正中，用手用力地搓着裙子，不知疲倦地用嘴发出一种有韵律的声音；尼科在撕杂志，并将杂志碎片放在嘴里再吐出来；比尔纹丝不动地坐着，盯着地板看；保罗跟在一个年轻护士后面，当护士整理床铺时，他就找机会看她的裙子下面。

学习识别这些患者的症状，分辨患者的不同类型，并区分哪些患者属于阴性症状，哪些患者属于阳性症状。

抑郁障碍

【 知识导图 】

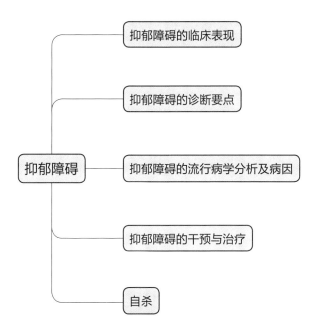

"抑郁症"不是一个陌生的词汇，但是你知道多少抑郁症或抑郁障碍的知识？这些知识又有多少是准确的？

抑郁障碍是最常见的精神障碍之一，它是心境障碍的一个类型。抑郁障碍患者往往表现出悲哀、空虚或易激惹，并伴随情绪、认知、躯体和动机方面的改变，如情绪低落、兴趣或愉快感丧失等。

【知识卡】

重性抑郁障碍的诊断标准

A. 在同一个 2 周时期内，出现 5 个或以上的下列症状，表现出与先前功能相比不同的变化，其中至少 1 项是心境抑郁或丧失兴趣或愉快感。

注：不包括那些能够明确归因于其他躯体疾病的症状。

1. 几乎每天大部分时间都心境抑郁，既可以是主观的报告（例如，感到悲伤、空虚、无望），也可以是他人的观察（例如，表现流泪）（注：儿童和青少年，可能表现为心境易激惹）。

2. 几乎每天或每天的大部分时间，对于所有或几乎所有活动的兴趣或乐趣都明显减少（既可以是主观体验，也可以是观察所见）。

3. 在未节食的情况下体重明显减轻，或体重增加（例如，一个月内体重变化超过原体重的5%），或几乎每天食欲都减退或增加（注：儿童则可表现为未达到应增体重）。

4. 几乎每天都失眠或睡眠过多。

5. 几乎每天都精神运动性激越或迟滞（由他人观察所见，而不仅仅是主观体验到的坐立不安或迟钝）。

6. 几乎每天都疲劳或精力不足。

7. 几乎每天都感到自己毫无价值，或过分的、不恰当的感到内疚（可以达到妄想的程度，并不仅仅是因为患病而自责或内疚）。

8. 几乎每天都存在思考或注意力集中的能力减退或犹豫不决（既可以是主观的体验，也可以是他人的观察）。

9. 反复出现死亡的想法（而不仅仅是恐惧死亡），反复出现没有特定计划的自杀意念，或有某种自杀企图，或有某种实施自杀的特定计划。

B. 这些症状引起有临床意义的痛苦，或导致社交、职业或其他重要功能方面的损害。

C. 这些症状不能归因于某种物质的生理效应，或其他躯体疾病。

注：诊断标准 A–C 构成了重性抑郁发作。

注：对于重大丧失（例如，丧痛、经济破产、自然灾害的损失、严重的躯体疾病或伤残）的反应，可能包括诊断标准 A 所列出的症状：如强烈的悲伤，沉浸于丧失，失眠、食欲缺乏和体重减轻，这些症状可以类似抑郁发作。尽管此类症状对于丧失来说是可理解的或反应恰当的，但除了对于重大丧失的正常反应之外，也应该仔细考虑是否还有重性抑郁发作的可能。这个决定必须要基于个人史和在丧失的背景下表达痛苦的文化常模来作出临床判断。

D. 这种重性抑郁发作的出现不能用分裂情感性障碍、精神分裂症、精神分裂症样障碍、妄想障碍或其他特定或未特定的精神分裂症谱系及其他精神病性障碍来更好地解释。

E. 从无躁狂发作或轻躁狂发作。

注：若所有躁狂样或轻躁狂样发作都是由物质滥用所致的，或归因于其他躯体疾病的生理效应，则此排除条款不适用。

资料来源：《精神障碍诊断与统计手册（案头参考书）（第五版）》，北京大学出版社，2014.

抑郁障碍的临床表现

抑郁障碍患者的临床表现有情感低落、思维缓慢和神经运动性迟缓这三个特点，统称为"三低"。"三低"是抑郁障碍患者的核心症状。

情感低落是抑郁障碍的核心症状，包括心境低落、兴趣减退甚至丧失，缺乏快感等。低落的心境一天之内可呈现节律性变化，如有些患者晨起心境最低落，傍晚开始好转。思维缓慢指个体反应迟钝、联想困难、语言减少且声音低微、很难集中注意力、记忆力减退等。神经运动性迟缓则指个体的精力减退，如常感觉浑身乏力、无精打采，活动明显减少，逐渐发展到不去工作、不去上学，逃避交往，甚至生活不能自理（如衣着随便、不梳洗打扮等），动作少而缓慢，很少有自发性动作，严重时不语、不食、不动，表现为抑郁性木僵。

此外，抑郁障碍也存在某些特殊的类型，如季节性抑郁障碍，产后抑郁障碍、经期抑郁障碍、更年期抑郁障碍等。

记下你的心得体会

54

抑郁障碍的诊断要点

抑郁障碍患者主要以情感低落为主，并至少存在下列症状中的四项：（1）兴趣丧失、无愉快感；（2）精力减退或疲乏感；（3）精神运动性迟滞或激越；（4）自我评价过低、自责或有内疚感；（5）联想困难或自觉思考能力下降；（6）反复出现想死的念头或有自杀、自伤行为；（7）睡眠障碍，如失眠、早醒或睡眠过多；（8）食欲降低或体重明显减轻；（9）性欲减退。

这九项症状的前三项为"三低"的核心症状，后六项为"六无"的核心症状。

ICD-10提出，诊断抑郁发作的核心症状为：（A）心境低落；（B）兴趣与愉快感丧失；（C）易疲劳。诊断抑郁发作的附加症状有七条：（1）集中注意和注意的能力降低；（2）自我评价和自信降低；（3）自罪观念和无价值感；（4）认为前途黯淡悲观；（5）自伤或自杀的观念或行为；（6）睡眠障碍；（7）食欲减退或增加。ICD-10将抑郁发作分为轻度抑郁发作、中度抑郁发作和重度抑郁发作。重度抑郁发作即患者存在三条核心症状和五条附加症状；中度抑郁发作即患者存在两条核心症状和三条附加症状；轻度抑郁发作即患者存在两条核心症状和两条附加症状。此外，某些重度抑郁发作可能还伴有精神病性症状，因此在诊断时需要标明是否伴随精神病性症状。

除了传统的临床访谈外，目前主要采取抑郁量表对抑郁障碍进行评估。其中，较常用的抑郁问卷包括：汉密尔顿抑郁量表、儿童抑郁量表、老年抑郁量表、贝克抑郁量表等。

对于抑郁障碍的诊断，需要注意以下三个要点：（1）"三低"症状：以情绪低落为主，同时具有思维缓慢、语言减少与迟缓的相关症状；（2）症状至少持续两周；（3）从未有过躁狂发作史。

抑郁障碍的流行病学分析及病因

在成年人群体中，抑郁障碍是所有精神障碍中最为普遍的。世界卫生组织曾估计，全世界的抑郁障碍患者有 1.2 亿至 2.0

亿。2019 年中国精神卫生调查的数据显示，大陆地区抑郁障碍的终身患病率为 6.8%。

抑郁障碍的致残率较高，相关资料显示，抑郁障碍位居世界致残性疾病的第二位。经过抗抑郁治疗，大部分抑郁障碍患者的抑郁症状会缓解。值得注意的是，抑郁障碍可能会加快躯体疾病的进程，使内科疾病的死亡率增高，并超过预期的单纯内科疾病的死亡率。

即使抑郁障碍带来如此大的影响，但抑郁障碍的病因和发病机制尚未明确，目前认为，抑郁障碍可能与遗传因素、环境因素和成长经历有关。

第一，在遗传因素方面，研究发现，抑郁障碍亲属同病率是一般人群的 30 倍；双生子研究也发现，异卵双生子发病一致率为 12%—38%，同卵双生子发病一致率为 69%—95%。第二，在环境因素方面，66%—90% 的抑郁障碍患者在抑郁发作前 6 个月经历过一次严重的生活事件，这些事件大多与丧失有关。第三，在个体的成长经历方面，安全感缺失，童年期创伤性事件和早期的不适应都可能增加个体患抑郁障碍的可能性。

抑郁障碍的干预与治疗

目前，主要采用药物治疗和心理治疗的方法对抑郁障碍患者进行治疗。

当前常用的抗抑郁药物有十余种。常用的一线抗抑郁药，如选择性5-羟色胺再摄取抑制剂整体疗效和可接受度较好，5-羟色胺和去甲肾上腺素再摄取抑制剂对伴有明显焦虑或躯体症状的抑郁障碍患者有一定优势。

除了药物治疗，心理治疗也是抑郁障碍的一个重要的治疗手段，常见的心理治疗方法包括：行为治疗、认知疗法、支持性治疗和家庭治疗。行为治疗主要指增加愉快的行为和活动；认知疗法注重挑战歪曲认知（武断推论、全或无的想法、过度概括、选择性概括和夸大）；支持性治疗帮助个体解决问题，减轻负担；家庭治疗是近年来较为流行的治疗方法，即通过改变家庭动力系统来改善个体的抑郁症状。

【小贴士】

电休克疗法

电休克疗法（electroconvulsive therapy，简称ECT），又称电痉挛疗法，是一种将精心控制的少量电流引入大脑治疗抑郁障碍的手段，该方法往往与麻醉和肌肉松弛药物一起使用，一般会产生轻微的全身性癫痫发作或抽搐。

电休克疗法是快速缓解抑郁障碍的方法之一，是各大指南推荐最为一致的物理治疗方法，尤其是在急性期治疗中用于症状严重或伴精神病性特征的患者，有助于迅速缓解其自杀相关症状。

自杀

自杀是一个很沉重但又不得不关注的话题，抑郁障碍是一种自杀率较高的精神疾病，50%—60%的抑郁障碍患者有自杀的言行，最终有15%—20%的抑郁障碍患者自杀身亡，男性抑郁障碍患者自杀比例高于女性。因此，面对抑郁障碍患者，需要严肃处理关于自杀的言行，并把抑郁障碍患者和自杀工具分开，尽量不让想自杀的抑郁障碍患者单独待着。情绪管理师需要了解重性抑郁障碍的诊断标准，密切关注某些自杀的危险因素，及时转介，防止极端事件发生。

目前认为，抑郁障碍患者自杀的危险因素有：（1）大于45岁的男性；（2）有过自杀未遂的经历；（3）有详细的自杀计划；（4）长期自我否定，有消极的认知思维方式；（5）最近有严重的丧失感；（6）无获得帮助的能力；（7）缺乏可得到的社会支持；（8）患有严重的慢性躯体疾病或害怕自己的健康状况恶化；（9）伴有精神病性症状；（10）伴有酒精或药物滥用。

小结

1. 抑郁障碍是最常见的精神障碍之一，它是心境障碍的一个类型。

2. 抑郁障碍患者有"三低"的核心症状，即情感低落、思维缓慢和神经运动性迟缓。

3. 抑郁障碍的病因和发病机制尚未明确，目前认为，抑郁障碍可能与遗传因素、环境因素和成长经历有关。

4. 目前治疗抑郁障碍的主要方法是药物治疗和心理治疗。

5. 抑郁障碍是一种自杀率较高的精神疾病。情绪管理师需要了解重性抑郁障碍的诊断标准，密切关注某些自杀的危险因素，及时转介，防止极端事件发生。

反思·实践·探究

小可，19岁，自从大学入学以来，一直感觉没有力气，经常躺着不动，也不与同学交流，对大部分事情都丧失了兴趣，不想学习也不愿意做事。夜里入睡困难，多梦，易醒。考试前感觉非常紧张，压力大，注意力难以集中，无法高效率复习，经常因此哭泣，偶尔产生辍学的冲动。小可母亲带小可去医院检查，并未发现有相应的躯体疾病。

1. 小可可能的诊断是什么？这类疾病的诊断应当注意哪些方面？
2. 后续需要注意和关注哪些方面的情况？

双相及相关障碍

【知识导图】

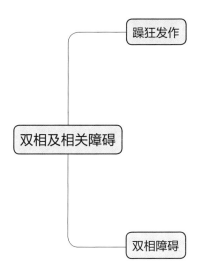

躁狂发作

与抑郁发作"三低"的核心症状相对，躁狂发作的核心症状为"三高"，即情绪高涨、思维奔逸和精神运动性兴奋。

躁狂发作的个体至少在一周内存在三项以上下列表现：（1）夸大自我或自我评价过高；（2）睡眠需要减少；（3）比平时更健谈；（4）意念飘忽；（5）随境转移；（6）有目的的活动增多；（7）过分参与某些享乐活动。

躁狂发作者情绪高涨，这种情绪高涨与其处境并不相称，并伴有思维、行为和躯体的相应症状，导致社会功能损害。躁狂发作主要包括：轻躁狂发作、无精神病性症状的躁狂发作、有精神病性症状的躁狂发作和复发性躁狂发作四种类型。

记下你的心得体会

【知识卡】

躁狂发作的诊断标准

A. 在持续至少 1 周的时间内，几乎每一天的大部分时间里，有明显异常的、持续性的高涨、扩张或心境易激惹，或异常的、持续性的活动增多或精力旺盛（或如果有必要住院治疗，则可短于1周）。

B. 在心境障碍、精力旺盛或活动增加的时期内，存在3项（或更多）以下症状（如果心境仅仅是易激惹，则为4项），并达到显著的程度，且表现出与平常行为相比明显的变化。

1. 自尊心膨胀或夸大。

2. 睡眠的需求大幅度减少（例如，仅仅睡了3小时就感到休息好了）。

3. 比平时更健谈或有持续讲话的压力感。

4. 意念飘忽或主观感受到思维奔逸。

5. 自我报告或被观察到的随境转移（即注意力太容易被不重要或无关的外界刺激吸引）。

6. 有目标的活动增多（工作或上学时的社交或性活动）或精神运动性激越（即无目的、无目标的活动）。

7. 过度地参与那些结果痛苦的可能性高的活动（例如，无节制地购物，轻率的性行为，愚蠢的商业投资）。

C. 这种心境障碍严重到足以导致显著的社会或职业功能的损害，或必须住院以防止伤害自己或他人，或存在精神病性特征。

D. 这种发作不能归因于某种物质（例如，滥用的毒品、药物、其他治疗）的生理效应或其他躯体疾病。

资料来源：《精神障碍诊断与统计手册（案头参考书）（第五版）》，北京大学出版社，2014.

记下你的心得体会

双相障碍

单相障碍指只有抑郁发作（无躁狂发作）或只有躁狂发作（无抑郁发作）的障碍。双相障碍指既有躁狂发作又有抑郁发作的心境障碍。

具体说来，双相障碍指目前发作符合躁狂或抑郁发作的标准，以前有过至少一次相反状态发作，或患者处于躁狂—抑郁混合发作状态。传统上将双相障碍称为躁狂抑郁障碍（躁郁症）。由于抑郁与躁狂交替发作，双相障碍的个体存在较大的危险性。

【小贴士】

双相障碍的治疗

由于双相障碍有两种相反的发作模式，为了更有针对性地治疗，多建议患者住院并加强相应的护理。在治疗过程中，医生需要根据双相发作的状态予以适当的治疗和处理，即躁狂发作治疗躁狂，抑郁发作治疗抑郁，混合发作时常以心境稳定剂（如锂盐等）作为首选药物。

要注意的是，双相障碍比单相障碍治疗难度大，双相障碍经治疗后易发生躁狂或抑郁状态转换，治疗时要严密观察病情。

小结

1. 躁狂发作的核心症状为"三高"，即情绪高涨、思维奔逸和精神运动性兴奋。

2. 双相障碍指目前发作符合躁狂或抑郁发作的标准，以前有过至少一次相反状态发作，或患者处于躁狂—抑郁混合发作状态。

3. 要根据双相障碍患者双相发作的状态予以适当的治疗。

反思·实践·探究

　　谢某，男，52 岁，工人，初中文化。37 岁时，无明显诱因出现兴奋、话多、与人争吵、乱花钱、失眠、不能胜任工作，后转为情绪低落、语言减少、终日卧床，有自杀行为，被送入院，诊断为双相情感障碍（抑郁相），住院 2 月余出院恢复工作。后来发病 6 次并住院接受治疗。被诊断为双相障碍。每次发作间歇言行正常，能正常工作和生活。

　　末次出院后在家休养，因小事与邻里争吵后，开始出现睡眠减少，情绪易激惹，幻听，经常听到有人讲话。自大，兴奋话多，内容夸张。拒绝服药和门诊随访，外出不归、殴打家人，踢坏邻居房门，自称"本人神经病又发作"，扬言要用刀杀人，病情持续一月余，第七次住院接受治疗。

　　谢某的诊断依据是什么？他第七次住院的原因可能是什么？

焦虑障碍

【 知识导图 】

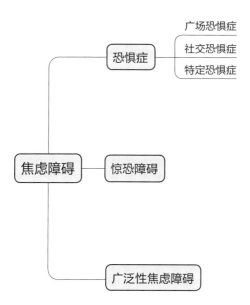

焦虑障碍是一组以焦虑症状群为主要临床症状的精神障碍的总称，多表现为过度害怕、紧张、焦虑和担忧，常伴有相关行为紊乱症状。下文主要介绍焦虑障碍中的恐惧症、惊恐障碍和广泛性焦虑障碍。

恐惧症

恐惧症（又称恐怖症）常见于儿童、青壮年和女性，是面对特定处境、物体或在与人交往时产生的一种异乎寻常的、强烈的恐惧或紧张不安的内心体验，从而引起回避反应的精神障碍。

与常见的恐惧反应不一致的是，恐惧症的反应极其强烈，甚至可能伴有某些显著的生理症状（如自主神经系统紊乱）。此外，由于恐惧症患者会经常性地担心恐惧物出现，所以往往会伴随预期性的焦虑和不安。一旦恐惧物出现，恐惧症患者开始产生过度反应（如极力逃避或者惊恐发作）。

根据恐惧对象的类型，可以将恐惧症分为广场恐惧症、社交恐惧症和特定恐惧症等

记下你的心得体会

73

类型。

广场恐惧症

对于广场恐惧症患者来说，他们害怕的不仅仅是开放的空间，还有置身人群以及难以逃回安全住所带来的恐惧，他们害怕商店、人群或公共场所，害怕乘火车、汽车或飞机独自旅行等。对于广场恐惧症患者来说，家就是他们的庇护所。很多广场恐惧症患者为了回避这些恐惧，自愿困于家中。

大多数广场恐惧症患者是女性，多起病于成年早期。在判断这类疾病时，需要注意：（1）心理症状或自主神经系统紊乱必须是恐惧的原发表现，而不是继发于其他症状（如妄想或强迫思维）的；（2）恐惧必须局限于（或主要发生在）至少以下情境中的两种：人群、公共场所、离家旅行、独自出行；（3）回避恐惧情境是该症状的突出特点。最后也要注意，相关症状至少持续 6 个月。

社交恐惧症

社交恐惧症是对社交场合和人际交往的

恐惧，恐惧对象的数量与范围不定，可以是某些人或某个人，也可以是除特别熟悉的亲友以外的所有人。

社交恐惧症患者会极力避免与恐惧对象交往，在被迫交往时，会出现明显的生理症状（如焦虑、紧张、脸红、出汗、举止不自然、手抖、语词不流畅等自主神经系统紊乱）。他们往往过分关注他人评价和目光，缺乏自信，因此他们会将逃避作为一个有效的措施。与广场恐惧症不同，社交恐惧症的发病率没有性别差异。

在判断社交恐惧症的时候，除了时间特征（持续6个月）外，还应当注意：（1）心理症状或自主神经系统紊乱必须是恐惧的原发表现，而不是继发于其他症状（如妄想或强迫思维）的；（2）恐惧必须局限于或主要发生在特定的社交情境；（3）回避恐惧情境必须是该症状的突出特点。

社交恐惧症可能在青少年晚期出现，也可能在成年人身上突然出现，恐惧发作的程度会随着发作次数的增加而增加，若不及时治疗可能会严重损害社会和职业功能。目前，行为治疗是一种较为有效的治疗社交恐惧症的手段。

在社交恐惧症的病因分析中，不要忽视家庭因素，尤其是父母养育类型在其中所起的作用。父母过分保护孩子或者缺乏对孩子的情感支持，同时又过度限制孩子（如关注孩子的衣着、整洁和言谈举止，不鼓励孩子进行社会交往），可能会加剧孩子的社交恐惧症。当然，除了父母养育类型外，其他不良特征之间的相互作用或者恶性循环也可能会导致个体的患病。

特定恐惧症

特定恐惧症指对特定的事物或情境的恐惧，如特定的动物、黑暗、流血、死亡等。同样，光是想象这些恐惧对象就足以引起患者的过度反应（如焦虑、恐惧和回避）。

这类恐惧症常始于童年，多数起病于11—17岁，患病率非常高，约为11%，以女性为多。不过与上述两种恐惧症不一致的是，特定恐惧症对日常生活的影响大小取决于个体所恐惧的对象，而鉴于大多数患者的功能损害较小，故目前大部分患者均能做到与症状共存。

在判断特定恐惧症的过程中，症状同样需要维持 6 个月，我们还需要注意：

（1）心理症状或自主神经症状必须是恐惧的原发表现，而不是继发于其他症状，如妄想或强迫思维；（2）恐惧必须局限于面对特定的恐惧物体或情境时；（3）尽一切可能回避恐惧情境。

目前治疗特定恐惧症的方法主要有：系统脱敏疗法、满灌疗法和认知疗法。系统脱敏疗法指让个体缓慢地暴露于恐惧情境下或者逐渐接触恐惧事物，并进行一定的心理放松练习，直到消除恐惧。满灌疗法指让个体想象或直接进入最恐惧、最焦虑的情境中，直至情绪自行减弱。认知疗法指调整和校正个体扭曲的认知，以达到减弱恐惧的目的。作为情绪管理师，可以针对个体当前的情绪，采用适当的方法，指导其进行一些放松训练，给予个体一定的支持。

记下你的心得体会

惊恐障碍

惊恐障碍，又称急性焦虑发作，临床特征是惊恐发作。惊恐发作具有突然性、反复性和不可预测性的特点。

患者在惊恐发作时会存在明显的自主神经系统症状（如心悸、呼吸困难、胸闷、胸痛、四肢发麻、出汗、发抖等）。惊恐发作时间一般较短（数分钟至1小时），一个月发作数次。

惊恐发作不局限于任何特定的情境，也不局限于已知的或可预测的情境，在没有客观危险的情境也可能出现。在发作间歇期，除了害怕再次发作外几乎没有其他焦虑症状。

数据显示，大约有20%的成人至少有过一次惊恐发作体验，不过只有2%的成人一年中频繁经历惊恐发作，符合惊恐障碍的诊断标准。调查结果显示，我国惊恐障碍年患病率为0.3%，终生患病率为0.5%。

惊恐发作一般起病于20岁左右，多见于女性。在作出惊恐发作的判断时，除了惊

记下你的心得体会

恐发作的频次（1个月内至少发作3次或在首次发作后继发害怕再发作的焦虑持续1个月）外，还需要排除其他精神障碍以及由躯体疾病引起的继发性惊恐障碍。

【知识卡】

惊恐障碍的诊断标准

A. 反复出现不可预期的惊恐发作。一次惊恐发作是突然发生的强烈的害怕或强烈的不适感，并在几分钟内达到高峰，发作期间出现下列4项及以上症状：

注：这种突然发生的惊恐可以出现在平静状态或焦虑状态。

1. 心悸、心慌或心率加速。

2. 出汗。

3. 震颤或发抖。

4. 气短或窒息感。

5. 哽噎感。

6. 胸痛或胸部不适。

7. 恶心或腹部不适。

8. 感到头昏、脚步不稳、头重脚轻或昏厥。

9. 发冷或发热感。

10. 感觉异常（麻木或针刺感）。

11. 现实解体（感觉不真实）或人格解体（感觉脱离了自己）。

12. 害怕失去控制或"发疯"。

13. 濒死感。

注：可能观察到与特定文化有关的症状（例如，耳鸣、颈部酸痛、头疼、无法控制的尖叫或哭喊），此类症状不可作为诊断所需的4个症状之一。

B. 至少在1次发作之后，出现以下症状中的1-2种，且持续1个月（或更长）时间：

1. 持续地担忧或担心再次的惊恐发作或其结果（例如，失去控制、心肌梗死、"发疯"）。

2. 在与惊恐发作相关的行为方面出现显著的不良变化（例如，设计某些行为以回避惊恐发作，如回避锻炼或回避不熟悉的情况）。

C. 这种障碍不能归因于某种物质（例如，滥用毒品、药物）的生理效应，或其他躯体疾病（例如，甲状腺功能亢进、心肺疾病）。

D. 这种障碍不能用其他精神障碍来更好地解释（例如，

像未特定的焦虑障碍中，惊恐发作不仅仅出现于对害怕的社交情况的反应；像特定恐惧症中，惊恐发作不仅仅出现于对有限的恐惧对象或情况的反应；像强迫症中，惊恐发作不仅仅出现于对强迫思维的反应；像创伤后应激障碍中，惊恐发作不仅仅出现于对创伤事件的提示物的反应；或像分离焦虑障碍中，惊恐发作不仅仅出现于对与依恋对象分离的反应）。

资料来源：《精神障碍诊断与统计手册（案头参考书）（第五版）》，北京大学出版社，2014.

广泛性焦虑障碍

无法控制过度"杞人忧天"可能会导致广泛性焦虑障碍的产生。广泛性焦虑障碍是一种广泛且持续的、无法控制的、缺乏明确对象和具体内容，伴有运动性紧张和自主神经活动亢进的一种慢性焦虑障碍。患者往往存在苦恼、易激惹、注意力集中困难、记忆力受损等症状，并可能存在某些躯体和运动性症状。

【知识卡】

广泛性焦虑障碍的诊断标准

A. 在至少6个月的多数日子里，对于诸多事件或活动（例如工作或学校表现），表现出过分的焦虑和担心（焦虑性期待）。

B. 个体难以控制这种担心。

C. 这种焦虑和担心与下列6种症状中至少3种有关（在过去6个月中，至少一些症状在多数日子里存在）。

注：儿童只需1项。

1. 坐立不安或感到激动或紧张。

2. 容易疲倦。

3. 注意力难以集中或头脑一片空白。

4. 易怒。

5. 肌肉紧张。

6. 睡眠障碍（难以入睡或保持睡眠状态，或休息不充分、质量不满意的睡眠）。

D. 这种焦虑、担心或躯体症状引起有临床意义的痛苦，或导致社交、职业或其他重要功能方面的损害。

E. 这种障碍不能归因于某种物质（例如，滥用的毒品、药物）的生理效应，或其他躯体疾病（例如，甲状腺功能亢进）。

F. 这种障碍不能用其他精神障碍来更好地解释（例如，像惊恐障碍中的焦虑或担心发生惊恐发作，像社交恐惧症中的负性评价，像强迫症中的被污染或其他强迫思维，像分离焦虑障碍中的与依恋对象的离别，像创伤后应激障碍中的创伤性事件的提示物，像神经性厌食症中的体重增加，像躯体症状障碍中的躯体不适，像躯体变形障碍中的感到外貌存在瑕疵，像疾病焦虑障碍中的感到有严重的疾病，或像精神分裂症或妄想障碍中的妄想信念的内容）。

资料来源:《精神障碍诊断与统计手册（案头参考书）（第五版）》，北京大学出版社，2014.

广泛性焦虑障碍患者有明显的外貌特征，如面部肌肉扭曲、眉头紧锁、姿势紧张并且坐立不安，甚至颤抖、皮肤苍白，手心、脚心、腋窝汗水淋漓。主要表现为焦虑和烦恼、担心、过分警觉、运动性不安、自主神经功能兴奋这五个方面：

1. 焦虑和烦恼。自由浮动性焦虑（指没有明确的担心对象或内容，只是一种提心吊胆、惶恐不安的强烈的内心体验），这些焦虑体验附着于偶然事件上，随日常生活环境的变化而变化，没有中心主题。

2. 担心。担心自己或亲人的未来生活可能发生非现实的威胁或不幸事件，但担心的内容与现实不符。

3. 过分警觉。如临大敌感。

4. 运动性不安。坐立不安、往复走动、唉声叹气。

5. 自主神经功能兴奋。出汗、心悸、胸闷、头晕等。

广泛性焦虑障碍的发病率高达 2%—8%，大部分患者发病后的大部分时间有症状，但有四分之一患者有缓解期。如果不加干预，大约 80% 的患者症状可持续 3 年。

广泛性焦虑障碍患者会因难以忍受又无法解脱而感到痛苦，从而损害其社会功能。

广泛性焦虑障碍的相关症状至少持续 6 个月，且在一次发作中，患者必须在至少数周（通常为数月）内的大多数时间存在焦虑的原发症状，包括经常或持续的无明确对象和固定内容的恐惧或提心吊胆，伴自主神经症状或运动性不安。同时也需要注意排除焦虑反应、躯体疾病的继发性焦虑、药物的戒断反应，以及由某些精神障碍伴发的焦虑。

此外，广泛性焦虑障碍患者必须同时具备精神性焦虑和躯体性焦虑，且不存在足以引起焦虑的相应刺激，或者有相应的焦虑刺激，但刺激程度与焦虑程度和焦虑持续时间明显不相称，即焦虑反应并非源于现实危险或不能用现实事件作出合理解释。如果只有精神性焦虑或只有躯体性焦虑，无论其焦虑严重程度如何，都不能诊断为广泛性焦虑障碍。

目前，广泛性焦虑障碍较为常见的治疗手段是药物治疗与心理治疗。药物治疗主要包括苯二氮䓬类药物和选择性5-羟色胺再摄取抑制剂。心理治疗（如支持性疗法、放松疗法，行为疗法和催眠疗法等）主要用于缓解广泛性焦虑障碍患者的焦虑症状。

记下你的心得体会

小结

1. 焦虑障碍是一组以焦虑症状群为主要临床症状的精神障碍的总称，多表现为过度害怕、紧张、焦虑和担忧，常伴有相关行为紊乱症状。

2. 恐惧症是面对特定处境、物体或在与人交往时产生的一种异乎寻常的、强烈的恐惧或紧张不安的内心体验，包括广场恐惧症、社交恐惧症和特定恐惧症等。主要采用系统脱敏疗法、满灌疗法和认知疗法等方法进行治疗。

3. 惊恐障碍的临床特征是惊恐发作。惊恐发作具有突然性、反复性和不可预测性的特点。

4. 广泛性焦虑障碍一种广泛且持续的、无法控制的、缺乏明确对象和具体内容，伴有运动性紧张和自主神经活动亢进的一种慢性焦虑障碍。

反思·实践·探究

案例一：男，33岁，已婚。不敢与人对视10年，症状加重并伴极力回避半年。10年前母亲病危住院，日夜操劳伺候，自感面容十分憔悴，不敢抬头，总觉得别人在注视自己。与熟人邂逅顿觉脸红，公共场合不敢抛头露面，但尚可正常学习和工作。多次因不敢见人而违心拒绝朋友邀请，自知有失交情，但无勇气应邀前往。目前上夜校，上课时低头，目不斜视。与人讲话，眼望别处，不敢与人对视。与异性接触，更觉脸红心跳、发抖，被同学讥笑"黄花闺女"。家中来客，常托词走开，自知无礼，会引起客人误会，但不避不行。近来因不敢与岳父母讲话，不敢面对妻子，与妻子讲话要熄灯，自觉问题严重而来咨询。

案例二：杨某，女性，38岁，教师。心烦意乱、头痛、坐立不安8个月。8个月前因工作压力大，逐渐出现心烦意乱，头痛头昏，很少有心情安稳的时候，等公交车要不停走下人行道翘首张望，即使没急事也不能像旁人那样悠闲自在地静等。拨电话、换电视频道时常手抖，自称无耐心，常为小事发脾气，事后后悔，学校、家长对其有意见。常担心有什么不幸的事要来临，上课时担心家中被盗，下班回家途中担心出车祸，学校评比担心自己落后（常是先进）。经常失眠，多梦，月经不规律，一遇到事就要上厕所。经常坐立不安、胸闷，曾去心内科、神经内科检查，均未见明显异常。

1. 上述两个案例分别属于何种焦虑障碍？为什么这么判定？
2. 遇到类似的案主，我们可以提供什么样的建议？

强迫障碍

【知识导图】

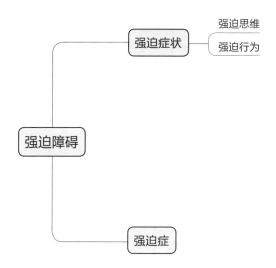

休斯是电影《飞行家》的创作原型，美国企业家、飞行员、电影制片人、导演和演员。他曾饱受强迫症的折磨。比如，为了拿一件物品，他需要至少6—8张纸巾。他有一个"无菌区"，他只在这个狭小的区域内活动。他必须用叉子把豆子按照大小排序后才会吃，一旦排序列被破坏，他就难以忍受。

电影《飞行家》海报　　　　休斯

精神障碍中的强迫症和我们日常所说的强迫症一样吗？

强迫症状

强迫症患者有持续存在的、强加的和不想要的思维，并感到难以控制这种思维。当

记下你的心得体会

91

这些强迫与反强迫并存时，两者之间的冲突会给强迫症患者带来焦虑和痛苦。然而，即使如此，强迫症患者仍旧无法控制也无法摆脱这种强迫症状。目前，相关的诊断系统往往强调个体的强迫思维和强迫行为，并削弱反强迫的重要性。

强迫思维

强迫思维指反复而持久的思想、冲动意念或想象。

一般来说，强迫思维主要包括：

1. 强迫观念。例如，认为"4"是一个倒霉的数字，我要尽可能避开所有的"4"，否则我会闯祸。

2. 强迫回忆。例如，反复追忆一个只记得姓却忘记了名的小学同学；强迫性对立性观念，如一边走路一边想"如果我不会走路怎么办"。

3. 穷思竭虑。例如，世界上是先有鸡还是先有蛋。

4. 害怕丧失自控能力。例如，怀里抱着婴儿，脑子里却反复冒出"我会不会失手把

记下你的心得体会

小孩从窗口扔出去"的念头。

强迫行为

强迫行为又称强迫动作，指某些不得不进行的反复的行为或精神活动，常常作为强迫思维的反应而存在。

一般来说，强迫行为主要包括：

1. 强迫性检查。例如，每天花大量时间反复检查门是否锁好，东西是否放好，水电煤气开关是否关好，自行车是否锁好，书包里的东西是否放好等。

2. 强迫性洗涤。例如，反复洗手、洗衣服、洗澡。

3. 强迫性计数。例如，见到电线杆、窗户就反复计数，过马路时数斑马线。

4. 强迫性仪式动作。例如，个体总要做一定的动作，如进门时先进两步，再退一步，预示逢凶化吉；进教室一定要用右脚跨入，走在大厅中绝对不能踩到地砖的边线，回家必须在门口跳三次等。

强迫症患者通过特定的仪式动作暂时减轻由强迫思维带来的不安或焦虑，但这种方式无异于饮鸩止渴，效果十分短暂。此外，强迫思维和强迫行为也会占用非常多的时间，影响日常生活，并对患者本身以及他的家人，甚至亲朋好友造成一定的困扰。

强迫症

强迫症是以反复、持久出现的强迫思维和强迫行为为基本特征的一种精神障碍。

【知识卡】

强迫症的诊断标准

A. 具有强迫思维、强迫行为，或两者皆有。

强迫思维被定义为如下：

1. 在该障碍的某些时间段内，感受到反复的、持续性的、侵入性的和不必要的想法、冲动或意向，会引起大多数个体显著的焦虑或痛苦。

2. 个体试图忽略或压抑此类想法、冲动或意向，或用其他一些想法或行为来中和它们（例如，通过某种强迫行为）。

强迫行为被定义为如下：

1.重复行为（例如吸收、排序、核对）或精神活动（例如，祈祷、计数、反复默诵字词）。个体感到重复行为或精神活动是作为应对强迫思维或根据必须严格执行的规则而被迫执行的。

2.重复行为或精神活动的目的是防止或减少焦虑或痛苦，或防止某些可怕的事件或情况；然而，这些重复行为或精神活动与所设计的中和或预防的事件或情况缺乏现实的连接，或者明显是过度的。

注：幼儿可能不能明确地表达这些重复行为或精神活动的目的。

B.强迫思维或强迫行为是耗时的（例如，每天消耗1小时以上）或这些症状引起具有临床意义的痛苦，或导致社交、职业或其他重要功能方面的损害。

C.此强迫症状不能归因于某种物质（例如，滥用的毒品、药物）的生理效应或其他躯体疾病。

D.该障碍不能用其他精神障碍的症状来更好地解释。

资料来源：《精神障碍诊断与统计手册（案头参考书）（第五版）》，北京大学出版社，2014.

强迫症患者以强迫症状为主，至少存在强迫思维以及强迫行为中的一项相关症状，或者两者均存在。虽然强迫症患者认为强迫症状是自发的，但是强迫症状的存在却是无意义的、痛苦的和不可控的。即使强迫症患者常常进行抵抗，最终却是徒劳无功的。这些强迫症状至少持续 3 个月，并导致患者社会功能的损伤，甚至会影响日常的生活、工作和学习。

强迫症通常在儿童或青少年早期发病。若不给予治疗，强迫症状会呈波动状态，即有时缓解，有时加重。同样，部分患者的强迫症状可能会保持稳定，部分患者的强迫症状可能会逐渐恶化。

强迫症是一种严重的精神障碍，需根据行为治疗的原则进行特别的治疗。要注意的是，治疗的首要目标并不是治愈强迫症，而是让患者能够接受强迫症状的存在并且能够与强迫症状共存。此外，药物治疗也可以作为辅助性治疗手段或者某种替代治疗的方法。

记下你的心得体会

96

【知识卡】

5-羟色胺

　　5-羟色胺是一种与睡眠、抑郁和记忆有关的神经递质，作为"快乐分子"被人们所熟知。5-羟色胺在调节情绪、学习、食欲、睡眠等方面有着重要的作用。女性缺少5-羟色胺更易于抑郁、焦虑或暴饮暴食；男性缺少5-羟色胺则更易于酗酒、多动、冲动等。研究提示，强迫症与中枢某些通路5-羟色胺功能不足有关。5-羟色胺功能正常对维持人类正常的精神活动有重要作用。选择性5-羟色胺再摄取抑制剂在强迫症治疗中有重要的作用。

小结

　　1. 强迫思维指反复而持久的思想、冲动意念或想象，主要包括强迫观念、强迫回忆、穷思竭虑和害怕丧失自控力；强迫行为指某些不得不进行的反复的行为或精神活动，主要包括强迫性检查、强迫性洗涤，强迫性计数、强迫性仪式动作。

　　2. 强迫症通常在儿童或青少年早期发病，对患者的社会功能造成一定的损害，以行为治疗为主，药物治疗为辅。

反思·实践·探究

　　小齐的妈妈发现她的儿子小齐总是做出一些"奇怪的"行为。例如，他总是在固定时间奔跑，进房间时要摸两次门把手，向两侧摆头，快速眨眼并弯曲身体以手触地，不断发出咕噜声和清喉咙的声音。

　　小齐的妈妈也尝试阻止过，但除了引发小齐的怒气外别无所获。事后，小齐表示他没办法阻止自己这种行为，只有这么做他内心才会舒服一些。无奈之下，小齐的妈妈准备带他去精神卫生中心就诊。

　　上述案例中，小齐存在哪些强迫症状？你有什么建议？

进食障碍

【知识导图】

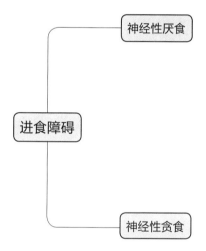

神经性厌食

进食障碍

神经性贪食

进食障碍是一组以进食行为异常和心理紊乱为主的心理障碍，伴随显著体重改变，会给患者的生理甚至心理和社交造成显著伤害。

神经性厌食

神经性厌食是一种最为常见的进食障碍，俗称厌食症，以故意限制饮食，使体重明显低于正常标准为特征。患者为了使体重降至明显低于正常标准而采取故意限制饮食的行为，这种行为往往以营养不良、代谢和内分泌功能紊乱等为代价，严重者甚至会导致死亡。

记下你的心得体会

【知识卡】

神经性厌食的诊断标准

A. 相对于需求而言，在年龄、性别、发育轨迹和身体健康的背景下，因限制能量的摄取而导致显著的低体重。显著的低体重被定义为低于正常体重的最低值或低于儿童和青少年的最低预期值。

B. 即使处于显著的低体重，仍然强烈害怕体重的增加或变胖或有持续的影响体重增加的行为。

C. 对自己的体重或体型的体验障碍，体重或体型对自我评价的不当影响，或持续地缺乏对目前体重的严重性的认识。

资料来源：《精神障碍诊断与统计手册（案头参考书）（第五版）》，北京大学出版社，2014.

神经性厌食患者往往因过分担心发胖而故意限制饮食，他们摄入的热量不足以维持正常的身体需要。此外，神经性厌食患者还会采取过度运动、引吐、导泻等极端方法来减轻体重。

这种模式往往会导致他们的体重明显低于正常水平，某些青少年甚至不能正常生长发育。即使如此，神经性厌食患者仍会"放大镜"式地观察自己的身材，并对肥胖存在病态性恐惧。

这些极端的减重手段会严重影响神经性厌食患者的机能，产生一系列并发症（如怕冷、血压或体温过低、心动过速、便秘等），严重时还会出现贫血、脱水、白细胞减少等症状。女性可能会出现闭经，男性可能会出现性功能减退。因此，神经性厌食常常会合并躯体症状，如某些急性躯体症状（电解质紊乱、心律失常等）和慢性躯体症状（骨质疏松、肾衰等）。神经性厌食也可能会继发抑郁障碍或强迫症，必要时需并列诊断。

【知识卡】

神经性厌食：一种历史悠久的社会与医学现象

神经性厌食的历史可以追溯到古希腊时期，那时，某些虔诚的古希腊人认为，严格限制饮食是一种精神修行的表现，他们的行为很像今天的厌食症状。这种严格限制饮食的现象在中世纪持续存在，特别是女性常以宗教和纯洁为名，限制自己的饮食。在这个时期，精神纯洁和肉体痛苦被认为是道德的象征。

17世纪末期，一位名叫莫顿（Richard Morton）的医生在医学文献中描述了两位他称之为"神经性消耗"的患者。

他详细记录了这两位患者的情况，例如，体重明显下降、食欲减退和逐渐消瘦。莫顿的工作为后来神经性厌食的医学研究奠定了基础。

19世纪晚期，厌食已经成为医学界普遍认可的一种疾病。医生开始注意到，厌食的个体食欲减退，这可能是由心理因素导致的。英国医生古尔（William Gull）首次提出"神经性厌食"这一术语，并提供了一些病例和治疗方法。古尔的工作标志着厌食从一种单纯的食欲问题变成一个涵盖身心因素的复杂疾病。

在20世纪，神经性厌食开始引起公众的注意，媒体对体重和身材的过度关注导致厌食的患病率显著增加。特别是1983年，美国流行歌手卡朋特（Karen Carpenter）因神经性厌食去世，引起了媒体和公众的广泛关注。卡朋特之死使人们更加关注神经性厌食的危害。此后，人们对厌食的关注度不断提高，对神经性厌食的研究也更加深入。

神经性贪食

"暴饮暴食"是日常生活中较为常见的一个词语。一些人在饮食时会出现暴食行为，之后又可能采用极端的方式（如催吐）来减少摄入的热量。神经性贪食，又称贪食症，是以反复发作性暴食及强烈地控制体重和削弱食物"发胖"效应的补偿行为为特征的一类进食障碍。

贪食症患者往往存在持续且难以控制的渴求食物和进食的欲望，并且往往屈从于贪食发作（在短时间内摄入大量食物）。随后，他们会采用至少一种极端方式抵消暴食带来的发胖作用（如自我诱发呕吐，滥用泻药，间歇进食，使用厌食剂、甲状腺素类制剂或利尿剂，放弃胰岛素治疗），上述模式至少会以每周两次的频率持续三个月。

此外，神经性贪食也经常被看作是神经性厌食的延续（尽管相反的次序也可能出现），曾患神经性厌食的个体在暴食后开始出现体重增加，月经也可能恢复，但随之而来的便是暴食及呕吐的循环模式。

反复呕吐的极端行为不仅会导致机体电解质紊乱和躯体并发症（手足抽搐、癫痫发作、心律失常、肌无力），也可能导致机体出现比较明显的外貌特征，如因经常呕吐导致眼睛内部的红血丝、牙齿腐蚀、嘴唇干裂、手指或手背上明显的伤痕或老茧等。

目前，约 90%—95% 的神经性贪食患者为女性，发病的年龄在 16—19 岁之间。暴食行为的早期症状出现时间可能更早。在青少年及年轻女性中，神经性贪食的患病率为 1%—3%。在欧美国家，神经性贪食的患病率为 1%。

【知识卡】

神经性贪食的诊断标准

A. 反复发作的暴食。暴食发作以下列 2 项为特征：

1. 在一段固定的时间内进食（例如，在 2 小时内），食物量大于大多数人在相似时间段内和相似场合下的进食量。

2. 发作时感到无法控制进食（例如，感觉不能停止进食或控制进食品种或进食数量）。

B. 反复出现不恰当的代偿行为以预防体重增加，例如，自我引吐，滥用泻药、利尿剂或其他药物，进食，或过度锻炼

C. 暴食和不恰当的代偿行为同时出现，在 3 个月内平均每周至少 1 次。

D. 自我评价过度地受身体的体型和体重影响。

E. 该障碍并非仅仅出现在神经性厌食的发作期。

资料来源：《精神障碍诊断与统计手册（案头参考书）（第五版）》，北京大学出版社，2014.

【小贴士】

神经性厌食的治疗
——代币疗法和认知疗法的结合

在神经性厌食的治疗中，首先需要关注和治疗的是个体的躯体症状，随后才使用心理治疗的手段。在心理治疗中，一般采取代币疗法和认知疗法相结合的方式，即先用代币疗法对个体进行强化，逐渐恢复个体正常的进食行为，后用认知疗法纠正个体对体重的错误认知，具体的操作步骤如下：

1. 了解患者的情况。首先，治疗师需要对个体进行详细的评估和访谈，了解个体的症状、病史和潜在的触发因素，这有助于确定治疗的重点和目标。

2. 设定治疗目标。与个体一起制订明确的治疗目标，这很重要。目标应该是可量化的，例如，增加体重、建立健康的饮食习惯、改善自我形象等。

3. 代币疗法。代币疗法是一种通过正向激励改变行为的方法。在治疗过程中，可以引入代币系统，给予患者一种象征性的奖励，以鼓励他们采取积极的行为，比如按时进餐、遵循治疗计划、积极参与治疗活动等。代币可以是虚拟的，比如记分卡或数字，也可以是实物奖励，比如小礼品或特权。

4. 认知疗法。认知疗法旨在帮助患者识别和改变不健康的思维模式和行为。治疗师与患者一起探索他们对自己体型、食物和体重的观念，并帮助他们发展积极、合理的认知。通过认知重构和替代性思维的练习，患者可以逐渐改变他们对身体形象和食物的看法。

5. 治疗计划和监督。根据患者的具体情况，制订个性化的治疗计划。这可能包括营养咨询、心理支持、家庭治疗等。治疗师应定期监督患者的进展，并根据需要进行调整和干预。

6. 支持系统和自助技巧。鼓励患者建立健康的支持系统，包括家人、朋友或治疗群体。同时，教授患者一些自助技巧，如应对焦虑的技巧、应对负面情绪的技巧和放松训练等，以帮助他们应对挑战和压力。

7. 长期随访。治疗厌食症是一个长期的过程，需要长期的随访和支持。定期随访可以帮助监测患者的进展，提供额外的支持和干预，以确保他们的康复持久稳定。

请注意，这些步骤仅作为一般性的指导，并不适用于每个患者。治疗厌食症是一项复杂的任务，应由专业的医生或治疗师根据患者的具体情况制订个性化的治疗计划。

小结

1. 进食障碍是一组以进食行为异常和心理紊乱为主的心理障碍，伴随显著体重改变，会给患者的生理乃至心理和社交造成显著伤害。

2. 神经性厌食以故意限制饮食，使体重明显低于正常标准为特征。严重者甚至会导致死亡。

3. 神经性贪食是以反复发作性暴食及强烈地控制体重和削弱食物"发胖"效应的补偿行为为特征的一类进食障碍。

反思·实践·探究

案例一：1981 年 2 月开始制作婚纱时，英国戴安娜王妃的腰围为 29

英寸（73.66 厘米），而在 1981 年 7 月举行婚礼时，她的腰围只有 23 英寸（58.42 厘米），并出现暴食和催吐的行为。戴安娜王妃一生被神经性贪食纠缠。

案例二：《以色列日报》报道，2023 年 5 月 23 日，35 岁以色列模特鲍曼被厌食折磨 13 年后以 23 千克的体重去世。在其写给母亲的信中提到"我决定终止与疾病的抗争，我太累了，太厌倦了，我只想等待最后时刻的到来"。

1. 被诊断为神经性贪食的戴安娜王妃和被诊断为神经性厌食的鲍曼有哪些症状？

2. 面对进食障碍的来访者，情绪管理师能够为他们做些什么？

创伤及应激相关障碍

【知识导图】

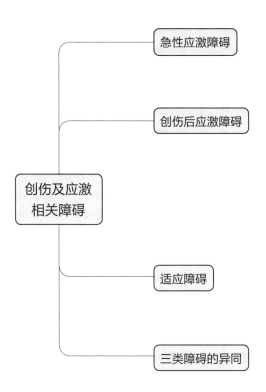

　　创伤及应激相关障碍指一组主要由心理、社会（环境）因素引起异常心理反应的精神障碍。创伤及应激相关障碍的流行病学患病率资料差异较大：暴力犯罪幸存者急性应激障碍的患病率为 19%—33%，交通事故后急性应激障碍患病率为 1.6%—41.1%；美国老兵中战争相关创伤后应激障碍的患病率为 2%—17%，终身患病率为 6%—31%。美国"9·11"恐怖袭击后 1—2 个月，幸存者创伤后应激障碍患病率为 7.5%—11.2%。家庭暴力受害女性创伤后应激障碍患病率为 19%。唐山大地震孤儿在 18 年后创伤后应激障碍患病率为 23%，30 年后仍有 12% 的患病率。汶川大地震 1—3 个月后创伤后应激障碍患病率为 12.4%—86.2%，6—36 个月后患病率为 8.8%—41%，5 年后患病率为 9.2%—13.8%；儿童及成人适应障碍患病率为 2%—8%，住院患者中适应障碍患病率为 12%—19%，女性是男性的 2 倍。这里，我们介绍三种创伤及应激相关障碍：急性应激障碍、创伤后应激障碍和适应障碍。

急性应激障碍

急性应激障碍指创伤事件后短期内（数天）出现的定向障碍、焦虑、遗忘、激越和退缩的行为。急性应激障碍患者经历创伤性事件后，除了初始阶段的"茫然"状态，往往会表现出明显的反应，如精神运动性兴奋（兴奋、话多、冲动、多动等）、精神运动性抑制（反应性木僵）、意识障碍（意识模糊），以及自主神经功能紊乱等症状。

急性应激障碍患者的这些反应是一种短暂状态，往往在创伤事件后几分钟内发生，并在几天（甚至几小时）之内消失。然而，如果应激源持续存在或具有不可逆性，症状一般在 1—2 天开始减轻，大约在 3 天后变得十分轻微。

引起急性应激障碍的创伤性事件（应激源）往往包含多种类型，比如患者本人或其所爱之人受到严重的安全或躯体完整性威胁（如自然灾害、事故、战争、受罪犯的侵犯、被强奸），患者社会地位或社会关系网络发生急剧的威胁性改变（亲友离世或者家中失火）。

记下你的心得体会

一般认为，急性应激障碍发生 1—2 天内是最佳的干预时间，在创伤发生 6 周后干预，效果则微乎其微。急性应激障碍的干预对象不仅仅包括创伤事件的亲历者，还包括亲历者的亲属、旁观者和救援人员。

急性应激障碍患者的治疗手段主要包括支持性心理治疗和药物治疗。支持性心理治疗主要包含六个阶段：导入期、重现事实期、感受期、症状期、辅导期和再入期，全程约 3—5 小时。

值得注意的是，情绪管理师在支持性心理治疗的过程大有可为，比如，引导个体宣泄情绪，帮助个体识别情绪和管理情绪，以及在此基础上提供一定的支持性帮助。

记下你的心得体会

【知识卡】

急性应激障碍的诊断标准

A. 以下述 1 种（或多种）方式接触于实际的或被威胁的死亡、严重的伤害或性暴力：

（1）直接经历创伤性事件。

（2）目睹发生在他人身上的创伤性事件。

（3）获悉亲密的家庭成员或朋友身上的创伤性事件。在实际的或被威胁死亡的案例中，创伤性事件必须是暴力的或意外的。

（4）反复经历或极端暴露于创伤性事件的令人作呕的细节中（例如，急救人员收集人体残骸；警察反复接触虐待儿童的细节）。

注：诊断标准不适用于通过电子媒体、电视、电影或图片的接触，除非这种接触与工作相关。

B. 存在侵入性、负性心境、分离、回避和唤起这5个类别的任一类别中，有下列9个（或更多）症状，在创伤性事件发生后开始或加剧：

侵入性症状

（1）对于创伤性事件反复的、非自愿的和侵入性的痛苦记忆。

（2）反复做与内容和/或情感与创伤性事件相关的痛苦的梦。

（3）分离性反应（例如，闪回），个体的感觉或举动好像创伤性事件重复出现。（这种反应可能连续出现，最极端的表现是对目前环境完全丧失意识。)

（4）对象征或类似创伤性事件某方面的内在或外在线索时，产生强烈或长期的心理痛苦或显著的生理反应。

负性心境

（5）持续地不能体验到正性的情绪。（例如，不能体验到快乐、满足或爱的感觉）

分离症状

（6）个体的环境或自身的真实感的改变（例如，从旁观者的角度观察自己，处于恍惚之中、时间过得非常慢）

（7）不能想起创伤性事件的某个重要方面（通常是由于解离性遗忘症，而不是诸如脑损伤、酒精、毒品等其他因素所致）。

回避症状

（8）尽量回避关于创伤性事件或与其高度相关的痛苦记忆、思想或感觉。

（9）尽量回避能够唤起关于创伤性事件或与其高度相关的痛苦记忆、想法或感觉的外部线索（人、地点、对话、活动、物体、情景）。

唤起症状

（10）睡眠障碍（例如，难以入睡或保持睡眠，或者休息不充分的睡眠）。

（11）激惹的行为和愤怒的爆发（在很少或没有挑衅的情况下），典型表现为对人或物体的言语或身体攻击。

（12）过度警觉。

（13）注意力问题

（14）过分的惊跳反应。

C. 这种障碍的持续时间（诊断标准 B 的症状）为创伤后 3 天至 1 个月。

D. 这种障碍引起临床上明显的痛苦，或导致社交、职业或其他重要功能方面的损害。

E. 这种障碍不能归因于某种物质（如药物、酒精）的生理效应或其他躯体疾病（例如，轻度的创伤性脑损伤），且不能更好地用"短暂性精神病性障碍"来解释。

资料来源：《精神障碍诊断与统计手册（案头参考书）（第五版）》，北京大学出版社，2014.

创伤后应激障碍

创伤后应激障碍是日常生活中较为常见的一类精神障碍。创伤后应激障碍指个体经历、目睹或遭遇强烈的灾难性精神创伤事件后延迟出现和长期持续的一类精神障碍。患者大多通过噩梦、闪回、回避等方式勾起对创伤事件的回忆，并导致较持久的焦虑。

【知识卡】

创伤后应激障碍的诊断标准

A. 以下述 1 种（或多种）方式接触于实际的或被威胁的死亡、严重的伤害或性暴力：

（1）直接经历创伤性事件。

（2）目睹发生在他人身上的创伤性事件。

（3）获悉亲密的家庭成员或朋友身上的创伤性事件。在实际的或被威胁死亡的案例中，创伤性事件必须是暴力的或意外的。

（4）反复经历或极端暴露于创伤性事件的令人作呕的细节中（例如，急救人员收集人体残骸；警察反复接触虐待儿童的细节）。

注：诊断标准 A（4）不适用于通过电子媒体、电视、电影或图片的接触，除非这种接触与工作相关。

B. 在创伤性事件发生后，存在以下1个（或多个）与创伤性事件有关的闯入性症状：

（1）创伤性事件反复的、非自愿的和闯入性的痛苦记忆。

（2）反复做与内容和/或情感与创伤性事件相关的痛苦的梦。

（3）解离性反应（例如，闪回），个体的感觉或举动好像创伤性事件重复出现。（这种反应可能连续出现，最极端的表现是对目前环境完全丧失意识。）

（4）暴露于象征或类似创伤性事件某方面的内在或外在线索时，产生强烈或持久的心理痛苦。

（5）对象征或类似创伤性事件某方面的内在或外在线索产生明显的生理反应。

C. 创伤性事件后，开始持续回避与创伤性事件相关的刺激，具有以下1项或2项情况：

（1）回避或努力回避关于创伤性事件或与其高度相关的痛苦记忆、想法或感觉。

（2）回避或努力回避能够唤起关于创伤性事件或与其高度相关的痛苦记忆、想法或感觉的外部线索（人、地点、对话、活动、物体、情景）。

D. 与创伤性事件有关的认知和心境方面的负性改变，在创伤性事件发生或开始后加剧，具有以下 2 项（或更多）情况：

（1）无法记住创伤性事件的某个重要方面（通常是由于解离性遗忘症，而不是诸如脑损伤、酒精、毒品等其他因素所致）。

（2）对自己、他人或世界持续夸大的负性信念和预期（例如，"我很坏""没有人可以信任""世界是绝对危险的""我的整个精神系统永久性地毁坏了"）。

（3）由于对创伤性事件的原因或结果持续性的认知歪曲，导致个体责备自己或他人。

（4）持续性的负性情绪状态（例如，害怕、恐惧、愤怒、内疚、羞耻）。

（5）明显地减少与重要活动的兴趣或参与。

（6）与他人脱离或疏远的感觉。

（7）持续地不能体验到正性情绪（例如，不能体验快乐、满足或爱的感觉）。

E. 与创伤性事件有关的警觉或反应性有明显的改变，在创伤性事件发生或开始后加剧，具有以下 2 项（或更多）情况：

（1）激惹的行为和愤怒的爆发（在很少或没有挑衅的情况下），典型表现为对人或物体的言语或身体攻击。

（2）不计后果或自我毁灭行为。

（3）高警觉。

（4）过度的惊跳反应。

（5）注意力问题。

（6）睡眠障碍（例如，难以入睡或保持睡眠，或者休息不充分的睡眠）。

F. 这种障碍的持续时间（诊断标准B、C、D、E）超过一个月。

G. 这种障碍引起临床上明显的痛苦，或导致社交、职业或其他重要功能方面的损害。

H. 这种障碍不能归因于某种物质（如药物、酒精）的生理效应或其他躯体疾病。

资料来源：《精神障碍诊断与统计手册（案头参考书）（第五版）》，北京大学出版社，2014.

一些重大的应激事件几乎会使每个人产生长久的、弥漫的痛苦，并导致个体产生创伤后应激障碍。创伤性事件也是多种多样的，包括自然灾害、各类意外事故（如交通事故、火灾、矿难等）、各种暴力事件（大到战争、恐怖袭击，小到强奸、抢劫和斗殴）、重要丧失（如地位、财产、婚姻、亲人、自由）等。

创伤后应激障碍患者往往存在对应激事件的创伤性再体验（病理性重现）。创伤性再体验有如下特点：（1）严重精神创伤后急性阶段以单一、片段的知觉回忆为主；（2）回忆中出现的元素不一定与创伤经历紧密相连；（3）画面回忆最为常见；（4）凌乱、片段的回忆很少随着时间的流逝自行减少；（5）创伤发生后短时间里，没有一个受害人会有叙事式的回忆；（6）主要是部分混乱的感官印象和零碎片段的回忆。

创伤后应激障碍患者往往存在闪回、回避、警觉性提高，以及焦虑和抑郁等明显症状。

闪回（闯入性重现）。回想创伤经历、创伤内容，频繁出现与创伤有关的噩梦、错觉、幻觉，产生触景生情的痛苦，选择性遗忘创伤性经历。

回避。在麻木和情绪迟钝的持续作用下，与他人疏远，对周围环境漠然，无反应，快感缺失，回避易联想起创伤经历的活动和情境。

警觉性提高。自主神经系统过度兴奋，伴有过度警觉和失眠。

焦虑和抑郁。可能有自杀观念。

与中、短期的急性应激障碍不同，创伤后应激障碍患者往往存在从数周到数月不等的发病潜伏期（很少超过 6 个月），并至少已有 3 个月符合相关的症状标准。病程呈波动性，多数患者能够恢复，少数患者可能会表现为多年不愈的慢性病程或转变为持久的人格改变。

在作出创伤后应激障碍诊断时，需要注意：

第一，异乎寻常的创伤性事件或处境（天灾人祸）。

第二，创伤性体验（病理性重现）。

第三，持续的警觉性增高。

第四，至少存在两种回避与刺激相似或有关的情境的现象。

这些症状可能会导致患者的社会功能受到严重损害。在作出创伤后应激障碍诊断时，需要排除情感性精神障碍、其他应激障碍、神经症、躯体形式障碍等。

【小贴士】

创伤后应激障碍的治疗手段

创伤后应激障碍的科学研究始于越南战争之后，美国当时众多战争幸存者遭受这种疾病的困扰，促使政府投入大量资金以寻求解决方法。然而，尽管现在是相对和平的年代，创伤后应激障碍仍然是一个高发的精神疾病。

现行的创伤后应激障碍治疗手段主要分为心理治疗和药物治疗两类。心理治疗包括：支持性心理治疗，即通过解释、分析、支持、鼓励、指导等方式，帮助患者尽早摆脱心理创伤的困扰；认知行为疗法，即改变患者回避现实的不当行为方式，提高他们的自省能力和适应能力。另外，对于那些有焦虑、抑郁情绪及过度警觉的患者，可通过服用抗焦虑或抗抑郁药物来缓解这些症状。

作为情绪管理师，我们能有针对性地提供一些支持性的情绪管理技术，例如"保险箱技术"和"安全岛技术"，以帮助患者稳定和安抚他们的情绪。

适应障碍

　　适应障碍指在重大生活改变或应激性生活事件的适应期出现的主观痛苦和情绪紊乱状态。适应障碍一般起病于重大生活改变发生后 1 个月内，除长期的抑郁性反应外，症状持续时间一般不超过 6 个月。

　　引起个体适应障碍的事件主要包括社会环境和社会地位的改变。以内容为标准，可将适应障碍分为：影响社会生活网络完整性的事件（居丧、分离）、影响较广泛的社会支持系统和价值系统事件（移民、难民）和发展中的转化和危机（入学、成为父母、未能实现个人希望的目的、退休等）。

【知识卡】

适应障碍的诊断标准

　　A. 在可确定的应激源出现的 3 个月内，对应激源出现情绪的反应或行为的变化。

B. 这些症状或行为具有显著的临床意义，具有以下 1 项或 2 项情况：

（1）即使考虑到可能影响症状严重度和表现的外在环境和文化因素，个体显著的痛苦与应激源的严重程度或强度也是不成比例的。

（2）社交、职业或其他重要功能方面的明显损害。

C. 这种与应激相关的症状不符合其他精神障碍的诊断标准，且不仅是先前存在的某种精神疾病的加重。

D. 此症状并不代表正常的丧痛。

E. 一旦应激源或其结果终止，这些症状不会持续超过随后的 6 个月。

资料来源：《精神障碍诊断与统计手册（案头参考书）（第五版）》，北京大学出版社，2014.

适应障碍患者往往会产生抑郁、焦虑、紧张、烦恼等情绪，但在判断适应障碍过程中需要确定，这些情绪是由上述重大生活改变事件引起的。除了情感障碍外，适应障碍患者可能还存在适应不良行为或生理功能障碍，并会对社会功能造成一定的损伤。

心理治疗和药物治疗是目前比较常用的

治疗方法。在心理治疗中，主要运用支持性心理治疗，即通过解释、分析、支持、指导等方式缓解患者的不良情绪，帮助患者更好地面对应激事件并提高患者的适应能力。药物治疗是辅助性治疗方法，用来缓解患者的异常情绪，如选用适量的抗抑郁药物、抗焦虑药物和小剂量抗精神病药（对暴力行为患者）。

作为情绪管理师，可以针对来访者的抑郁、焦虑、紧张、烦恼等情绪，采用支持性心理治疗手段，帮助来访者管理情绪。

【小贴士】

面对丧失亲友：理解和应对居丧反应

虽然异常的悲痛反应可以被归类为适应障碍，但严格来说，正常的居丧反应并非适应障碍。居丧反应指的是在失去重要亲友后出现的悲痛和抑郁情绪。许多情绪和身体上的问题可能与居丧反应有关，这些包括悲伤、焦虑以及与失眠和食欲不振有关的身体症状。在丧亲的过程中，人们更容易滥用酒精，并且可能更容易患上身体疾病。

在这种情况下，解决应激源通常是不可能的。因此，提供几周或几个月的咨询和支持是至关重要的，这能够帮助患者尽快从痛苦中恢复，并预防次生性抑郁的出现。

三类障碍的异同

记下你的心得体会

适应障碍、急性应激障碍和创伤后应激障碍都是在严重或持久的精神创伤下直接引起的精神障碍，其临床特点和病程与创伤性体验密切相关，并伴有相应的情感反应，容易被人理解，这是三者的共同点。然而，三类障碍在病程长短和是否有灾难性事件方面有所不同，具体见表1。

表 1 三类应激障碍的不同

	适应障碍	急性应激障碍	创伤后应激障碍
灾难性的生活事件	无	有	有
病程	1—6个月	短，通常不超过1周；长，一月内缓解	≥3个月，甚至终身

小结

1. 创伤及应激相关障碍是一组主要由心理、社会（环境）引起异常心理反应的精神障碍。

2. 急性应激障碍患者可能存在明显的反应，如精神运动性兴奋（兴奋、话多、冲动、多动等）、精神运动性抑制（反应性木僵）、意识障碍（意识模糊）以及自主神经功能紊乱等症状。

3. 创伤后应激障碍指个体经历、目睹或遭遇强烈的灾难性精神创伤事件后延迟出现和长期持续的一类精神障碍。

4. 适应障碍指在重大生活改变或应激性生活事件的适应期出现的主观痛苦和情绪紊乱状态。居丧反应不属于适应障碍。

反思·实践·探究

"9·11"事件是发生在美国纽约的一起恐怖袭击事件。美国东部时间2001年9月11日，恐怖分子劫持4架美国民航客机，其中两架撞塌纽约世贸中心双子塔，一架撞毁华盛顿五角大楼一角，一架在宾夕法尼亚州州坠毁。这一系列袭击是发生在美国本土的一次严重的恐怖袭击事件，袭击导致约3 000人死亡。经历过"9·11"事件的人，在一段时间内不愿意看到相关的新闻报道，容易发脾气，时常做噩梦，脑海中不时闪过灾难那天的可怕场景，甚至会因为朋友死去而感到内疚。

思考一下，在这一恐怖袭击事件中，哪些个体可能会出现创伤及应激相关障碍？可能会出现哪类创伤及应激相关障碍？如何区分这些障碍？情绪管理师能做些什么？

分离及转换障碍

【知识导图】

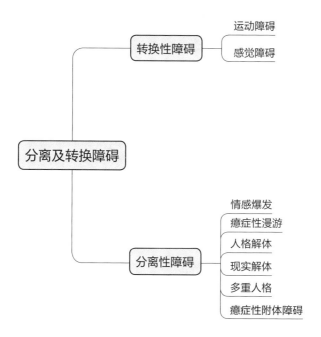

2010 年，电影《黑天鹅》上映。影片讲述了一位名叫妮娜的年轻芭蕾舞女演员的故事。妮娜在她的艺术生涯中一直追求完美，特别是在挑战柴可夫斯基的经典芭蕾舞剧《天鹅湖》中扮演的两个完全不同的角色——纯洁无瑕的白天鹅和性感邪恶的黑天鹅时。然而，随着她越来越深入地投入这两个角色，妮娜的精神状态开始出现问题，她的人格产生了严重的分裂。

妮娜天性温顺、纯真，这使她能够轻松地投入白天鹅的角色。但当她尝试进入黑天鹅的角色，释放出内心的激情和放纵时，她却感到无比困难。导演的不断催促和压力使妮娜感到极度的不安和困扰。

随着剧情的推进，妮娜的精神状况越来越不稳定。她开始出现各种恐怖的幻觉。比如，她的倒影会自行活动，她的皮肤下似乎有黑天鹅的羽毛在生长，甚至她感觉自己正在慢慢变成黑天鹅。这些都象征着妮娜心中那两个相互矛盾的人格：一方面是她纯真，害羞，温顺的自我，另一方面则是她内心深处隐藏着的黑暗，狂野的自我。

分离及转换障碍是一类早就被记载的综合征，在近代精神病学历史上，曾被称为"癔症""歇斯底里"，是以分离症状和转换症状为主的一类精神障碍。分离及转换障碍以人格倾向为基础，在心理社会环境因素影响下产生。一般来说，分离及转换障碍由明显的心理诱因（如生活事件、内心冲突或强烈的情绪体验、暗示或自我暗示）作用于容易受影响的个体所致。

分离及转换障碍多发于青壮年（尤其是女性），年龄主要分布于 16—35 岁。分离及转换障碍的发作、缓解和治愈均较为迅速，缺点是容易复发。

记下你的心得体会

【知识卡】

癔症的起源与现状

尽管在现行的《精神障碍诊断与统计手册》中并未明确提及"癔症"一词，但关于癔症的研究历史却很悠久，可以追溯到公元前1900年，在古埃及人对女性异常行为的描述就有所记载。

癔症的英文 hysteria 源自希腊语 hyster，意为"子宫"。在古代，人们观察到女性比男性更容易出现歇斯底里的症状，于是误认为这种疾病是由子宫功能障碍引发的女性特有的疾病。然而，实际上癔症并不是女性特有的疾病，男性也可能患上此病，在高度焦虑状态下出现典型的歇斯底里症状。

然而，据《大不列颠百科全书》记载，癔症的发病率在世界许多地区已经逐渐减少，原因可能在于社会的心理风貌已经发生了转变。在性问题上，人们的拘谨和压抑减少了。同时，过去那种家长权威为主导的家庭结构也在减少。因此，癔症的发病率也随着社会文化环境的变化而不断变化。

分离及转换障碍主要有转换障碍（癔症性躯体障碍）和分离障碍（癔症性精神障碍）两种形式。前者主要包括运动障碍、感觉障碍等；后者主要包括情感爆发、癔症性漫游、人格解体、现实解体、多重人格和癔症性附体障碍。

以下介绍较为常见的几类分离及转换障碍。

转换障碍

运动障碍。表现为痉挛发作（抽搐）、肢体异常运动（四肢挺直、发怪声、步态障碍等）和肢体瘫痪等。

感觉障碍。表现为感觉过敏、感觉缺失、感觉异常、癔症性失明和癔症性失聪等。

分离障碍

情感爆发。也称"歇斯底里发作"，患者受精神刺激后突然出现，以尽情发泄情感为特征。患者号啕痛哭，又吵又闹，以极其夸张的姿态向人诉说所受的委屈和不快，甚至捶胸顿足、以头撞墙或在地上打滚，但意识障碍不明显。情感爆发的发作呈阵发性，一般发作时间较短，人多时，发作更为频繁。情感爆发是分离机转换障碍中最常见的一类精神障碍。

癔症性漫游。指在觉醒状态下，无计划和无目的地漫游。漫游中个体能保持基本的自我照顾，有自我身份识别障碍，不知道自己的真实身份和过去的历史，对漫游经过的事情毫无记忆，不是癔症性多重人格。

人格解体（对自我的疏离）。也被称为"自我感丧失"，即觉得自己不是自己了，仿佛变成另外一个人，另外一个人顶替了原来的自己或者自己的身体已有了彻底的变化。

现实解体（对周围环境的疏离）。指患者对现实环境的一种不真实的疏离感，感觉外界变得陌生。

多重人格。指患者表现出两种或多种完整系统的不同人格，每个人格系统都有不同的情绪和思维过程，各自代表一个独特的、相当稳定的自我。

癔症性附体障碍。在浓重的宗教或迷信背景下，以神鬼、灵魂附体表现为主的，患者常有癔症性格，有的有过癔症发作史。

此外，分离及转换障碍可呈现集体发病和流行的现象。在集体场合，一人患病后，周围的人目睹了发病的症状，由于对疾病的无知和心理过分恐惧紧张或者受迷信和不科学解释的影响，加上周围的气氛和暗示等，即可出现集体发病和流行。

小结

1. 分离及转换障碍以人格倾向为基础，在心理社会环境因素影响下产生。

2. 分离及转换障碍主要有转换障碍（癔症性躯体障碍）和分离障碍（癔症性精神障碍）两种形式。前者主要包括运动障碍、感觉障碍等；后者主要包括情感爆发、癔症性漫游、人格解体、现实解体、多重人格和癔症性附体障碍。

反思·实践·探究

案例一：林某，男，32 岁，性格忠厚老实、内向。几年前，被怀疑在单位偷窃后被迫下岗。此次事件后，林某情绪低落，痛苦难眠，终在某日不辞而别，登上一列火车，到一个新城市，次日找到工作，过上自食其力的生活，成为与他原来完全不同的另一个人，且从不与家人联系。数月后，突然梦醒，停止打工，踏上归乡的列车，心情轻松愉快。回家后生活又归于从前。此后，每当他遇到无法排遣的心理困境或自觉无法承受生活中的压力时，他就会不辞而别，远走他乡，开始又一次漫游。三年共出走四次。发作时有自我身份障碍，事后仅有部分回忆，细节多数被遗忘。

案例二：某校 152 名学生接种疫苗。接种前，老师对学生说：接种疫苗后可能会有头痛、头晕等反应，接种后 30 分钟内不要离开教室。老师这种关怀成为一种不良暗示，诱发 108 名学生癔症发作，纷纷出现头晕、头痛、恶心、胸闷、哭闹、肢体麻木等症状。

上述两个案主分别属于哪一类分离及转换障碍？